唐山大地震救援史料整理类编

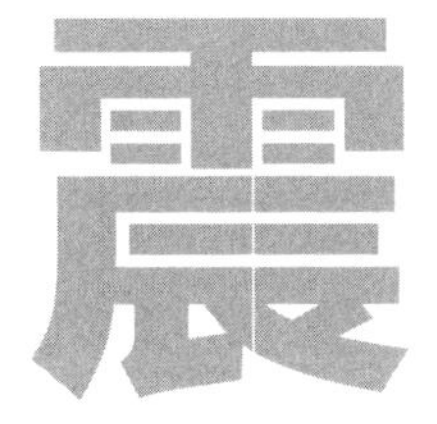

上海卷（口述卷）下

中共上海市委党史研究室课题

金大陆 主编

上海文化出版社

图书在版编目（CIP）数据

唐山大地震救援史料整理类编. 上海卷. 口述卷：上下册/金大陆主编. —上海：上海文化出版社，2020.9
ISBN 978-7-5535-2106-0

Ⅰ. ①唐… Ⅱ. ①金… Ⅲ. ①大地震—地震灾害—史料—唐山—1976 ②抗震—救灾—史料—上海—1976
Ⅳ. ①P316.222.3

中国版本图书馆 CIP 数据核字（2020）第 172174 号

出 版 人：姜逸青
责任编辑：罗 英 张 彦
封面设计：王 伟
版式设计：华 婵

书　　名：唐山大地震救援史料整理类编·上海卷·口述卷（上下册）
编　　者：金大陆
出　　版：上海世纪出版集团　上海文化出版社
地　　址：上海市绍兴路 7 号　200020
发　　行：上海文艺出版社发行中心
上海市绍兴路 50 号　200020　www. ewen. co
印　　刷：苏州市越洋印刷有限公司
开　　本：710×1000　1/16
印　　张：34.25
印　　次：2020 年 12 月第 1 版　2020 年 12 月第 1 次印刷
书　　号：ISBN 978-7-5535-2106-0/K·233
定　　价：150.00 元（全二册）
告 读 者：如发现本书有质量问题请与印刷厂质量科联系
T：0512-68180628

目　录

综合篇

唐山慰问记

——杨富珍访谈录

受访者：杨富珍

采访者：金大陆（上海社会科学院历史研究所研究员）

罗　英（上海文化出版社副总编辑）

刘明兴（中共上海市委党史研究室助理研究员）

时　间：2016年4月27日

地　点：上海市瑞金南路杨富珍家中

杨富珍，女，1932年7月生，上海人。1949年1月加入中国共产党并参加工作。全国劳动模范。曾任中共上海市委常委、上海市革命委员会副主任、中共上海市徐汇区委书记、徐汇区区长、全国妇联第四次代表大会筹备组副组长等职。1976年唐山大地震时，被任命为国务院慰问团副团长赴唐山慰问。

金大陆：杨老师，您好。今年是唐山大地震40周年。市委党史研究室有一个“上海支援全国”的研究方向，去年秋天就批准立项了“上海救援唐山大地震”的课题，委托上海社科院历史研究所和上海文化出版社来做的。这个项目的成果将于今年7月份出一套书，条件成熟的话可能会办小型的流动展览会，目的是为上海“留住城市记忆，发扬城市精神”。

杨富珍：唐山地震那年，我是去过唐山的。

金大陆：当年上海一医、二医、中医、二军大及各区县医院的大批的医疗队奔赴前线，建立了四所抗震医院，为救护灾民作出了很大的贡献。同时，上海在工业救险和唐山重建方面也支援了大量的人力和物力，尤其可贵的是为抗震救灾立下巨大功勋的解放军队伍中，也有上海籍的战士。我们正是在采访华山医院急诊科主任杨教授时，他说到了您。

杨富珍：喔。那时我们的慰问团设在唐山机场。

金大陆：对。上海华山医院的医疗队到达唐山机场后，接到的任务是赶赴震中丰南，但交通堵塞，一时无法行动，您听到了上海医生的乡音，就走过去问有什么困难，您还为上海医疗队引见了陈永贵副总理。

杨富珍：辰光长了，有些事情都忘记掉了。我总归记得陈永贵是团长，我是副团长。我和陈永贵本身也是老朋友，所以，我才会叫陈永贵出来见上海医疗队。

金大陆：正是您的引见，陈副总理了解了情况。为了赶时间，指挥部专

1976年，地震后的唐山

门派了直升机载华山的医生到达丰南。

杨富珍：唐山那里真是蛮惨的。所以，我们才会叫上海医疗队快点过去。

金大陆：28日地震，29日上海就开会布置。当时上海是派您一个人过去的吗？还是派去一个组啊？

杨富珍：我不是从上海到唐山的。唐山地震时，我正在北京，担任全国妇联筹备组的副组长，所以我是从北京直接到唐山的。谢静宜也在这个组里。

金大陆：喔！原来是这样。我们以为您是从上海直飞唐山的呢。

杨富珍：我是跟陈永贵一起去的。我跟陈永贵本来就熟悉的。我们一起在北京开会，一起见毛主席。1975年的时候，国务院成立了一个知青工作组，到黑龙江等边疆去慰问，去关心和解决知青的问题，陈永贵是组长，我是副组长。碰上1976年唐山地震，我们这个组就一起过去了。陈永贵是副总理，我们应该是代表国务院，去灾区慰问的。

金大陆：你们到了唐山以后，吃住在哪里呢？

杨富珍：就住在大帐篷里面。唐山断水断电，那里没有什么房子了，连铁轨都弯了。我们吃的也是蛮简单的，能吃饱就可以了。我们不是去做客人的，我们是去慰问救灾的。生活各方面都很艰苦，就是全心全意要把那里的救灾工作做好。

金大陆：我们课题组在采访上海医疗队和在唐山救援的“上海兵”时，他们都提到陈永贵一行去慰问。

杨富珍：那时天天要去的。我是天天要流眼泪的。唐山这个大灾呀，死了这么多人，真是一片废墟啊！真是荒掉了。

金大陆：你们是去救灾现场慰问的。

杨富珍：在唐山，解放军是最苦的。他们一直在废墟中救人，还要抢救物资，把很多东西堆在一起。我还看到解放军背着枪在巡逻。我们还去医疗队看望伤病员，跟他们握手，鼓励他们战胜困难；同时，也谢谢医护人员救死扶伤。每到一个地方，我们对他们很亲切，他们对我们也很亲切，场面是很感动人的。我们总归想做得更好一点，让人家看到希望。

金大陆：当时，上海有一架三叉戟飞机，每天一班来回。去的时候运送各种救灾物资，来的时候带伤员。

杨富珍：这个有的，飞机上上下下也很多。我们住的帐篷离飞机起降的地方，要有一段距离，具体的情况看得不怎么清楚。机场上运来的救灾物资是很多很多的。

罗　英：这期间有没有让您印象很深刻的事情？

杨富珍：我深刻的感受就是共产党好，毛主席好。为什么好？哪里有困难，全国去支持，包括我们上海也支持了大量的人力和物力。我在唐山机场，就看到来自上海的好多东西，有医疗药品，有毯子、衣服，有各种食品，还有其他好多的东西，在运输车上堆得满满的。虽然时间很长了，但这个印象不会忘记的。这是我们上海人民应该做的。

金大陆：您和陈永贵在唐山慰问了多长时间啊？

杨富珍：大概是十天左右吧，我们就回到北京了。

罗　英：当时，唐山救灾时发生了很多感人的故事，您回来以后有没有跟同事，或者自己的孩子讲述这一段经历啊？

杨富珍：唐山这个灾难太大了，很苦很苦的。包括上海在内的全国人民的救援都很了不起。我回上海以后，也曾到中学、大学去讲过，记得还到青浦监狱去讲过。我认为讲唐山的苦难，讲解放军和医务人员的英勇事迹，是一个很好的教育材料。

唐山大地震救灾亲历记

——游玉云

游玉云，1952 年 4 月生于上海，中共党员。1970 年 6 月，作为知识青年，赴安徽涡阳县插队落户。1974 年 12 月入伍，在解放军某部历任战士、班长、军械员兼文书。1976 年 7 月 28 日至 10 月 30 日，作为唐山大地震救灾部队一员，在灾区奋战了 93 天。

中国河北省唐山地区暴发了大地震。我当时作为救灾部队的一员，克服了难以想象的困难，在灾区亲身经历了那场惊心动魄的救援。

一

我们的营地设在燕山山脉深谷里，与唐山地震中心距离足有三百多公里。唐山地震暴发之时，我们的住处震感强烈，亦有一些房屋垮塌。我曾撰文回忆了当时的惊魂时刻："下大了！下大了！"听到叫喊声，我从睡梦中突然惊醒，蒙蒙眬眬地以为暴雨倾泻引起山洪暴发，即将冲垮山脚下的营房……

我猛然掀掉被子，翻身冲到门外，天并没有下雨，但一阵阵的闷雷声从脚底下滚滚而过，营房门前的两只铁皮水桶相互碰击，"哐当哐当"直响，整个营房波浪似的上下颤动，接二连三地发出“咯嚓咯嚓”声，前后的山峦地坪也不停地剧烈抖动。我站立不住，顺势蹲倒在地上，心跳过速，眼睁睁地看着山摇地动，这样的情形持续了两分钟左右。此时此刻是1976年7月28日凌晨3时42分53秒。所有跑出来的人，穿着一色的黄裤衩，光着脊梁，在带有寒气的晨幕中不断地哆嗦。慌乱中，有人喊道：“快进屋抢衣服！”我正要向前，刚从屋里钻出来的值班员孙琦一把抓住我：“不能进去！当心余震！”

我犹如惊弓之鸟，正不知所措间，一排的丁佩贤惊慌失措地从倒塌的屋子里爬出来，哭着喊：“里面还有人，快抢救啊！”战友们正欲冲进去。连长和指导员带着满身的伤痛爬到我们面前：“一排和指挥排抢救屋里的战友，二排进枪械室和炮库抢救武器装备！”我和排长等人疾速奔向枪械室。连长尾随而来，举起右手吼道：“快，班排长带头冲进去！”杨太和第一个冲进屋，排长推开我跟着冲了进去，两人迅速抱起枪直往外冲。我紧跟着冲进去抱起枪就撤退。尽管我的腿一个劲地打颤，但我仍鼓着勇气跟着战友们推出了火炮，立即奔向附近营房抢救受困的战友。可惜晚了一步：两位战友已经停止了呼吸，另三位战友奄奄一息，急待抢救。连长命令我们背送三位重伤员到卫生队。当我们气喘吁吁地赶到卫生队时，里面挤满了伤员。最后我们目睹几位重伤员相继在手术台上失去了生命。

上午10时，我们背着包，挎着枪，在炮场上列成三行横队。军用吉普车拖着长长的烟幕在队列前突然熄火。车未停稳，团长已从车上跳了下来，当即宣布特急命令：

惊悉秦皇岛一带发生强烈地震，兹命令中国人民解放军陆军××军××师炮兵团于即日上午10时火速赴灾区抗震救灾——务必于7月28日22时正赶至河北省丰润县符家屯一带集结待命。切切此令。

中国人民解放军北京军区司令员陈锡联

一九七六年七月二十八日九时三十分

二

地震发生6小时后，遵照军区司令员的命令，我们炮团全副武装，乘坐牵引火炮的炮车，翻山越岭，风雨兼程，火速奔赴灾区救灾。山路崎岖坑洼不平，我们好不容易准时到达丰润县符家屯集结点。按照上级指令，地震当天夜晚10时许，我们进入唐山市区救灾现场。

我们冲进唐山发电厂宿舍区，首要任务是抢救幸存者和扒挖遇难者遗体，并就地掩埋。

遇难者的状况惨不忍睹，我们跳上废墟，拼力扛起、推开一块块水泥预制板。我们仅在行军途中吃了点咸水牛肉块，却不知哪来的力气，偌大一块水泥板，一人就能扛起推开，急忙扒出遗体，并迅速掩埋。

整个发电厂宿舍区及周边地区遇难者的遗体绝大部分都是由我们拼力扒出来，并妥善掩埋的。我们的军装每天都是先被汗水浸透，而后风干，军装背部时常是一块圆圆的白色盐花，唯有军帽上的红五星和军装上衣的红领章格外鲜艳——一颗红星头上戴，革命红旗挂两边。

完成了遇难者遗体掩埋、抢救伤病员和寻找幸存者等任务后，转入了保障灾民日常生活的阶段。8月9日凌晨，我和杨太和、孙琦等战友赶到了由苇席搭成的西北井粮站。粮站里仅有一位五十开外的老师傅在监守部分成品粮。我告诉他：河北省遵化县粮食局调拨来的救灾粮这几天将陆续进库。他表示立即通知粮站职工来上班。

粮站幸存的职工来了，相互问候的第一句话竟是："你家死了几个人？"然后互相安慰："不管震灾咋样，只要活下来，就要勇敢地坚强地活下去，重建家园！"我和战友们听了他们的对话异常震惊：这么惨重的灾难，每家每户都有伤亡灾难，竟然还这么爽快地来上班。究竟是何种伟大的精神支撑着他们？工人们见我们诧异，就解释道："俺们唐山人心直口快，实得很，所以说话办事硬得很！"

作者保存的救灾纪念品

送粮的车队开进了粮站。我们立即抢卸粮食，二百斤一袋的大米，一人扛起来就走；四十五斤一袋的面粉，一人扛起四袋摇摇晃晃地进入库房。忽然，一位年轻的女工尖叫道："有人要抢粮！"我和战友甩掉肩上粮袋，抓起枪就冲出来。粮站四周：男女老少举着各种盛器，等发救灾粮。有人喊："快发粮，俺要饿死了！"还有人喊："自己动手，丰衣足食。"

我站在竖起的食油桶上大声喊："老乡们，等粮食卸完了，一定分发给你们！大家千万别干糊涂事啊！"

中午时分，我们和粮站职工一起分发粮食给灾民们。排队的人实在太多，稍有骚动就会把粮站推走。我们决定请灾民帮助维持秩序和发粮。

我们请家住西北井机械厂北面以放羊为生的"周巨人"帮忙。"周巨人"身高二米二十多，西北井一带的人都认识他。他帮助发粮犹如海关官员，认真盘问每个领粮者，效率极高。可半小时后，他突然道："哎，节振国来了！别笑，我不敢盘问你。"我疑惑地问："哪来的节振国？节振国早过世了！""周巨人"一本正经地指着面前个头不高身着黑色衣褂的中年男子："他就是！节振国没有死！"粮站职工全都笑着与这位中年男子打招呼。原来他是电影《节振国》主人公的扮演者，家住西北井。

粮站女工提议他唱一段《节振国》选段，大家一致响应：“唱吧，让我们在苦难中听听您的金曲！”

“节振国”壮起胆子放声而唱：“看红旗，迎风展，指引咱斗争方向；闹罢工，杀日寇，只因为心中有了伟大的党，你把我这顽皮的孩子锤炼成钢，打得旧世界落花流水，咱工人要把世界主人当！”

“唱得好！”西北井粮站爆出了地震以来第一次的掌声和欢笑声。

三

8月中旬的一天，唐山工人赵师傅跑到救灾指挥部报告：坐落于唐山的一个战备仓库全毁了，跑出来的战士不多，希望部队派员清理。我和战友杨太和等人跟着赵师傅赶到战备仓库，眼见满目疮痍心情异常沉重。赵师傅悄声劝道：“已经这样了，想开点，大伙赶快行动吧！”

时过中午，我们扒挖和掩埋了六位遇难的战士，尚有一位战士的遗体未找到。我们想先清理完战备物资再寻找，否则限期一天的任务难以完成。赵师傅急了：“一定要找到那位战士。小战士常为我们办好事，咱这一带人都很喜欢他！无论如何要找到他！”赵师傅拉我们坐到水泥板上：“咱再分析分析，小战士会在哪儿呢？”

就在此时，一位妇女哭着奔来，以嘶哑的声音说：“老爷子，俺闺女扒出来了，你快看她最后一眼吧！”老师傅不耐烦地瞪眼道：“咋呼啥！扒出来埋了就是了，你没见我正在找小战士吗？”他支开哭泣的妻子，一门心思寻找小战士。

黄昏，我们扒出小战士的遗体，并按赵师傅的意愿，选了一块平地埋葬了这位群众爱戴的战士。赵师傅已尽到了一位公民的额外责任，我们劝他赶快回去料理女儿的后事，但他却执拗地要和我们一起完成物资清理任务。赵师傅带领三人清理一号库的器材配件，我和杨太和等战友清理二号库的光学仪器和橡胶制品。

蒙蒙的灰尘挟着黑夜飘落，废墟上踏出来的路逐渐模糊不清。赵师傅扛着一箱配件从一号库出来，深一脚浅一脚地迈进。突然，配件箱子“哐当”落地，赵师傅“啊哟”一声，晃了晃跌倒了——一根钢针扎进了脚心，他额上沁满汗珠，嘴唇哆嗦着呻吟。我抱起赵师傅右腿，用手指轻摸其脚掌心，“啊呀！”他腿猛一抽，钢针大部已扎进脚心了。我划了根火柴，看到他脚底全是血污和泥水：“快找水洗脚！”战友们信手提起各种容器飞奔出去找水。

杨太和第一个提着半桶水赶回：“快划火柴，我来洗脚！”我见水似墨汁：“这水不能洗伤口，快找清水！”可是战友们打来的水也大同小异，我们急得直冒汗。

杨太和急中生智：“你抱住大腿别动！其他人轮流划火柴照明，让我用土办法试试！”只见他弓身一跪，双手紧紧抓起赵师傅沾满血污的右脚，用嘴贴着脚掌，舌尖轻轻舔着脚心，仔细搜寻扎进脚心的钢针。

“同志，不能这样！”赵师傅含泪挣扎着，“我的脚太脏，不能用嘴舔！”杨太和根本不听任何忠告，只顾专心致志地搜寻钢针，当舌尖终于舔着了钢针尾部，牙齿猛地使劲，咬出了沾满血污的钢针！

赵师傅猛地立起，泪流满面抱住杨太和：“同志，敬爱的同志！我要怎么感谢才对得起你和解放军啊！”杨太和憨厚地一笑：“赵师傅别这样！你们的言行已够意思了，我们的举动，就算是对崇高的唐山人民深情的一吻吧。”

为了使幸存的唐山人民免遭病疫等次生灾害，上级命令我们进行深埋和消毒工作。所谓“深埋”就是将浅埋的遇难者遗体重新挖出来，再移至两米深的坑里埋葬好，以防腐烂的遗体细菌泛滥。“消毒”就是在灾区地面大面积喷洒消毒液。

我和杨太和、吴鹤海、孙琦等战友，每天到指定区域，连续二十多天进行这一特殊的工作。其中印象最深的是为一位少女深埋其父母及其他家人的遗骸。

酷暑烈日，熏人的恶臭从废墟中直往上冒，我们挥汗如雨，挥动铁锹挖出一个个两米深的坑，然后寻找就近浅埋的遗体，迅速挖开，再将一具具腐烂的遗体包好移入新挖的深坑，再慢慢地埋上严实的土，算是任务完成。当我们正准备稍事休息时，战友陈建国跑来说：前面废墟旁有个姑娘既想请我们帮助，又不让作业！

我和战友们急忙赶过去，只见一位十六七岁的俊秀姑娘坐在一堆土丘旁，嘴里不停地叨咕："俺爹妈、俺哥姐，你们走得好苦啊！现在上面叫深埋，俺堂哥表妹来看了一眼就走啦，叫我咋办？我的爹妈啊，我的亲哥亲姐啊……"

姑娘16岁，学生。地震当天，一家六口全被砸在废墟下，父母、哥哥和两个姐姐不幸遇难，唯有姑娘幸存。在亲友帮助下，姑娘草草掩埋了遇难家人。现在救灾指挥部要求深埋遗体。起先她不同意，后在亲友劝说下，同意深埋，但要求将家人遗体都深埋于自家后院的枣树下。亲友们觉得太过分，捂着鼻子匆匆离去。

我们决定满足姑娘的要求。我和杨太和、吴鹤海、孙琦、陈建国等战友负责挖开浅埋遗体，其他战友负责在枣树旁挖深坑，准备将遗体深埋。任凭烈日炙烤，恶臭熏人，我们轮流上阵，掀开余震震塌在浅丘周边的房屋水泥预制板、房梁及杂物，用锹挖开浅丘的土层后，五具腐烂的遗体黑糊糊地突兀在眼前……

我们弓下身子轻轻地捧起高度腐烂的遗体，随即迅速将五具遗体包裹好，缓步迈向二十多米外的枣树旁的深坑，盖上土，妥善地埋葬了遗体。

姑娘见证了整个过程，见遇难家人遗体深埋妥当，扑地跪下："爹妈啊，哥姐啊，解放军帮俺将你们移葬在咱家的枣树下了，你们可安息了，入土为安了！"

瞬而，姑娘立起，面对我们，深情鞠躬："谢谢叔叔们！谢谢解放军！"

四

1976 年 7 月 28 日至 10 月 30 日，从唐山地震当天到救灾任务完成，我们在唐山地震灾区奋战了 93 天。在这惊心动魄的救灾日子里，我们连队以人民军队为人民的特殊使命掩埋（**包括重新深埋**）遇难同胞的遗体 3000 多人，抢救卫护转送伤病员 6000 多人，搭建抗震临房 100 多间、抗震学校 10 所，帮助 9 家企业恢复生产，重建粮站、医院、商场 10 多处。

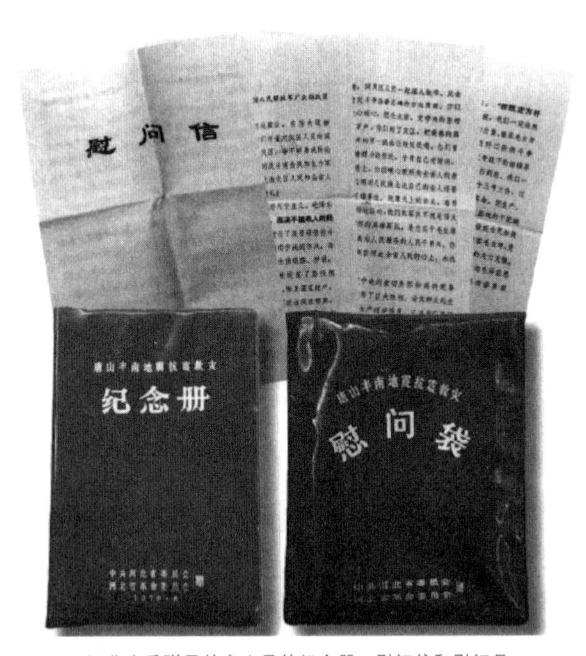

河北省委赠予救灾人员的纪念册、慰问信和慰问品

为了感谢唐山地震救灾部队全体指战员，1976 年 9 月 21 日中共河北省委员会和河北省革命委员会赠予每位救灾人员一个慰问袋：一封慰问信、一本纪念册、一支纪念笔和一枚刻有“人定胜天”的纪念章。我在唐山救灾第一

线获得这份礼物，格外珍惜，因为它是每一位救灾军人的荣耀。还有一枚瓷面塑料毛主席像章，系唐山地震前本地工厂制造的特殊纪念品，是一位被救灾民亲手送给我的。我将其上缴连部，指导员又将其作为奖品奖励于我。这是一枚非同寻常的纪念章。

原载于2016年6月刊《档案春秋》

我们是“上海兵”（一）
——夏龙才、吴泉元等口述

口述者：夏龙才　吴泉元　梅建初　金洪德
　　　　倪永明　顾龙根　沈鑫森　戴忠德

采访者：金大陆（上海社会科学院历史研究所研究员）
　　　　刘惠明（上海电视台《新闻坊》记者）
　　　　胡浩川（中共上海市青浦区委党史研究室副主任科员）
　　　　王文娟（上海文化出版社编辑）

时　间：2016年3月16日

地　点：上海市青浦党校华科路158号B区103室

夏龙才，1953 年生，中共党员。1972 年入伍。1988 年转业至青浦区工商局，任所长、副局长等职。

吴泉元，1954 年生，中共党员。1972 年入伍。1988 年转业到中国建设银行上海青浦支行，历任办公室主任、业务部经理等职。

梅建初，1954 年生，中共党员。1972 年入伍。1977 年复员至青浦食品公司西岑食品站工作。2001 年进入青浦社保中心西岑分中心。

金洪德，1954 年生，中共党员。1972 年入伍，海军少校。1989 年转业，任青浦自来水公司副书记、市政管理局市容监察支队副支队长等职。

倪永明，1952 年生。1972 入伍，曾任《人民海军报》、新华社海军分社等特约记者。1984 年转业，任青浦广播电视台副台长、广电局副局长等职。

顾龙根，1954 年生，中共党员。1972 年入伍。1985 年转业至青浦法院，历任法庭庭长、法警大队长等职。

沈鑫森，1943 年生，中共党员，高级经济师。1961 年入伍。1983 年转业，历任青浦粮食局党委副书记、交通局党委书记兼局长等职。

戴忠德，1941 年生，中共党员，经济师。1961 年入伍。1977 年复员，历任上海仪表十一厂分厂厂长、服务公司经理等职。

（以上受访者以口述先后为序，前六位为海军，后二位为陆军；1976 年唐山地震时，他们均第一时间赴唐山抢险救援。）

夏龙才：

当年，我服役于中国人民解放军海军 23 训练基地。现在，我讲述接到救援唐山地震的命令，直到 9 月 22 日撤离唐山的过程。

我们这个训练基地，本来是搞导弹的，在秦皇岛。1972 年 12 月 15 日，我们在座的六位（夏龙才、吴泉元、梅建初、顾龙根、金洪德、倪永明）是一起从上海青浦参军过去的。我们先在南京第三海军学校待了三年，1975 年年底移防到秦皇岛，地震发生时我在锦西，现在叫葫芦岛市。

地震之前，包括训练、生活一切都很正常。我们在秦皇岛的军营里睡的全部是大炕。28 日凌晨，我突然感觉炕好像在动，地也在动。锦西离唐山大概 400 公里，不近也不远，地震波及范围大，所以震感特别强烈。我连忙爬起来。天很热，我只穿了个裤衩，拿起床头的手枪，就从窗户上跳下去。我们是平房，窗户跟地面差不多高的，我跳出去还比较正常。窗户外面有晒衣服、挂被子的铁丝，有些战士挂在铁丝上受了点伤。我们跳出去了，却不知道是怎么回事。

大概到中午时候，有消息说是地震了；到下午的时候，我们得到确切消息，唐山地震了。29 日，我们接到了救援的命令。命令下达后，我们海军基地大概派出了 20 辆解放牌汽车，成立了一个救援营。我们团临时组织了一个连（**不是所有的人都去的**），我们都参加了。当时没有经验，不知道具体应该做什么，只带了一个背包，带上了枪，就这样出发了。

一路上桥梁断了，公路也不起作用了。正常情况下，锦西到唐山，开车四五个小时就能到了。谁知我们在路上走了将近三天，直至 31 日下午 4 时才到达唐山：一是附近有大山，天下大雨，山上的水冲下来车子没路可走；二是车子还发生故障，后来通过电台联系了修理工才解决问题，所以，我们基本没有在公路上走。北方的河都是沙河，遇到河，就从沙河里过。在路上，我们还碰到敲竹杠的。因渡河时要用地方的履带拖拉机把我们的车拉过去，他们开口要钱，后来被我们严厉地训了一顿。

到达唐山的地点是沟东北后街，我们也就在那里抗震救灾。第二天，领导现场召集说了情况。我们部队的任务是：第一，救人；第二，挖人，就是把埋在里面的人挖出来，有活的就救活的。工具没有自己想办法。后来北后街的负责人来了，交代我们具体负责的位置。一开始我们住在铁路上，记得头一个礼拜，我们的被子都没打开过，背包当枕头；后来住在唐山二中的操场上，搭的帐篷是部队想办法带过来的。唐山的余震不断，放在脸盆里的水，盆底下一点点，都能被余震晃出来，可见余震的能量特别大。

说实话，我们这支部队在唐山就是挖死难者，活人基本上没救到，这是后话。8月1日，我碰到一个女孩，17岁，是在唐山下面一个县里插队落户的。她跪在我面前说："解放军叔叔，能不能帮帮我。我家里父母亲都压在下面好几天了，我怕他们不行了。"我就把任务布置下去，跟着到了她家。小姑娘自己没受伤。她家里的爸爸妈妈、哥哥嫂子外加小侄子，五个，还有两个弟弟，一共两铺炕：爸爸妈妈、两个弟弟一铺炕，哥哥嫂子跟她的小侄子一铺炕，侄子很小，一岁都不到。北方的房子，是加厚的梁，房子整个扑下来了，不得了。我们掀开一看，人基本上都是在睡眠的状态当中。哥哥嫂子如果不是被蚊帐缠着，应该是能出去的，小孩在他们夫妻俩中间。一家七口全遇难了。我们没有任何口罩等防护用具，天太热，太阳一晒，一蒸发，人死后的气味特别臭。人扒出来以后埋在哪里？用什么来裹啊？她哥哥是新婚，我们就把他家箱子撬开，把里面的被子拿出来裹上。后来来了指令，要把尸体装在车上运到郊区去。

正常情况下，我们都是按分配的任务，每家每户去扒。后来操作得都很熟练了，把被子铺在地上，两个人用撬翻过来一裹，就把尸体裹起来了。大约过了个把礼拜，空中投放了装尸体的塑料袋。再后来，口罩也有了，手套也有了，可解决不了大问题啊！我们先把牙膏、后把捣碎的大蒜放在口罩里面，再把口罩戴在脸上，相对好一点。防毒面具是半个月以后才发的。苍蝇满天飞。有的尸体埋得久了，蛆从鼻子里、眼睛里钻出来，手上的皮像水泡一样，全部要装进塑料袋里。当时很多死难者是被活着的家人埋在自家门口的，后来有命令说，这些死难者需要重新挖出来，运到郊区去埋。我们撤离的那天，还有姑娘的辫子露在边上，叫我们去挖呢。从内心讲，谁不忌讳啊？但当兵的没有任何选择，必须这样做。还有一个任务，就是搭简易棚，就是帮活着的人暂时解决居住的问题。

我们刚进唐山的时候，社会治安比较乱，晚上经常听到枪声。一些小偷乘机偷东西，偷手表偷钱。我们看到有被拉出去游街的。

在整个唐山救援的过程中，基本上都是当兵的在行动，陆军最多，其次是海军，空军主要负责运输和空投。所以，解放军绝对是中流砥柱。我们没有任何想法或要求。这就是我们撤离的时候，当地的百姓追着我们的车子，跑了好长时间的原因。

生活上，整个部队最困难的是什么？是喝水问题。没有水，无论哪个部门都没有水——只能靠天上下的雨。有相当长一段时间，至少有十多天，我们用的都是沟里面的水。吃的方面我们带有罐头，但一边挖死难者，一边吃罐头，这种生理感觉和心理感觉能行吗？说实话，直到现在我都不碰罐头。还有就是生病的问题。我们部队在唐山 40 余天，睡的基本是帐篷，帐篷四周都是黄的。因为战士普遍生痢疾拉稀，有时候来不及去厕所，甚至有时候脱裤子都来不及，拉在裤子里的有的是。所以往帐篷外一看，黄的特别多。不是一个帐篷，甚至上百个帐篷都是这样的。我们当兵的也无所谓，就这样坚持着、熬着。后期相对好一点，因为每天飞机都来洒药，飞机飞得很低，像喷农药一样，一层一层喷下来。呛鼻子，真受不了，全是六六粉的味道。

毛主席逝世时，我们还在唐山，是一级战备；毛主席逝世后，我们就撤出唐山了。

吴泉元：

唐山地震发生后，海军给我们驻扎在锦西的 23 训练基地和第二炮兵学院、第一航校这三个部队下达命令，组成一个抗震救灾团，当时赖金华司令为团长，二炮院的政委聂洪国为副团长。我们团接到命令是 7 月 28 日晚上 23 点，之后就开始紧急打背包，出发的时间是 29 日早上 4 点，到达灾区的时间是 31 日下午 4 点。这前前后后，从出发到抵达，我们大概花了三天。我们在车上是很苦的。车上一边坐 8 个人，两边坐 16 个人，这三天我们就这样坐着基本没下车。

从锦西到唐山，才数百公里路，为什么这么慢呢？其实是山洪暴发，我们的车给洪水挡住了。我们反反复复到处绕，绕过绥中，就是航天员杨利伟家那个县，又被阻在沙河边上过不去了，最后又绕回走，走到兴城那边，再往前走，车子也越来越多，都是救灾的车，老百姓的车子是不多的。公路全都是坏的。

车子进入唐山郊区，我们就看到路边堆着很多死难者。当时我们都是二十岁刚出头小年轻，都有些害怕的。其中一个辽宁兵，人都发抖了，像小孩一样把脸捂起来，那个惨境可想而知。

进入市区后，我们就在一个铁路边住了七天。那边的气候晚上很冷的。但是我们没打开背包，人整个就躺在那边。吃的是随车带去的罐头，但那个味和整个空气中弥漫的味混在一起，逃也逃不掉，吃的东西都要吐出来。我们附近两百米处有一个冷库，断电之后，冷库里面的肉都烂掉了。我们是真遭罪了。风一吹，整个都是呛人的味道。所以，你想躲开臭味，那是不可能的。其实，我们部队带了很多东西去，包括大米。但是大米没用，没有水烧。罐头肉即使吃下去了，也会吐出来。后来大家集体消瘦，一百二三十斤的身体，最后只瘦得八九十斤、一百来斤了。在这样艰难的条件下，我们还是得坚持干活，坚持去废墟挖人。我只讲一件事，我们去的时候，都是穿着海军服，后来给发了陆军服。衣服的背后全都是白的，什么东西啊？汗干了湿，湿了再干，是汗水中的盐，起先只有一圈白的，后来整个都是白的，你想想我们出了多少汗了。全是汗，不停地出汗。

刚才老夏讲把上海产的中华牌牙膏和留兰香牙膏，就是薄荷味道的那种涂在嘴上，把蒜捣烂了擦在嘴上，结果整个嘴巴都烧起来了，溃烂了。整个空中都是臭味，戴防毒面具也没什么用，但还是要戴。防毒面具下面全是汗水，这种惨烈的景象和付出，用现在年轻人的眼光来看，不可想象。但我们是不惜代价的，不要命地干。到最后，我们那个连队挖了八百多个死难者。唐山地震的救灾工作，都是很原始的，起先是用手扒，后来用铁锹挖。如果像现在有生命探测仪、挖掘机等先进设备的话，救出的活人应该更多，因为当我们到达二十多天后，还能挖出完整且没有腐烂的尸体，说明这些人刚死没几天。

唐山地震之初，水电全部中断，生活必需品都被倒塌的房屋压在下边，获救的市民没水喝、没食物吃。我们到唐山的前几顿饭都被老百姓吃光了，带的水都给市民喝了。大约一周左右，各地的救灾物资源源不断地运进唐山，但救灾部队的纪律非常严格，不许拿老百姓的一针一线。有三件事至今还记得很清楚：一个是在废墟中扒出的一切物品都必须上交，手表、金银首饰、钱、票证等等。为什么是钱呢，我这里要说一下。尽管当时的工资水平不高（**我那时候还没有提干，一个月拿七八块钱**），唐山煤矿工人的收入则相对比较高，所以我们挖出的现金比较多的。当时没有一百块的钞票，都是十块的，都放在桌面上也很多啦！没有一个战士不上交的。二是有一名新入伍的战士向市民要了两个信封和几张信纸，被领导批评教育后将其退伍送回原籍。三是一个干部发现一只百姓养的鸽子死了，将其褪毛后放入锅内，被鸽子主人发现了，部队进行了严肃批评，并责令写出了检查，照价赔偿。这三件事一直在我内心深处保存着，一有时间就翻出来讲给孩子们听，教育后代们铭记那段历史，学习人民军队的优良传统。

后期，因为我们的司务长患痢疾住院去了，而吃是很重要的，所以叫我去顶替这个岗位。在唐山抗震救灾中，我们分队长立了个人三等功，我们班立了集体三等功。我们班的一个战友因荣获三等功，去北京参加了海军抗震救灾的表彰大会。他回忆道："1976 年 9 月 8 日，唐山丰南抗震救灾立功受奖的先进单位和个人云集北京，准备参加 9 月 9 日的表彰大会，我作为立功受奖先进个人来到北京。当晚，突然接到通知会议推迟了，原因不详。因为大多数战友都是第一次来北京，9 日部队会务组带领大家参观天安门广场和故宫。大约下午两点多钟，部队的一名干事急匆匆带我们来到广场国旗下。下午四时，广场扩音器里传出了毛泽东逝世的消息，犹如晴天霹雳……9 月 11 日，我们在人民大会堂瞻仰了毛主席遗容，然后陆续回到唐山。部队进入一级战备状态，并先后回到驻地。"

梅建初：

我们一班去了八九个人，我是班长。当时只知道是抗震救灾，具体不知道去执行什么任务。天下大雨。那时候我已经有了手表，走的时候特地把手表都留下了。领导说了就去，军人就是执行命令。

在路上转了三天，我们一直靠在车上，没地方睡觉。车子快到唐山的时候，就看到路边有几个遇难者，看着很吓人。哎哟，这一个，那一个，是老百姓自救挖出来了，放在路边。进入灾区中心，看见遇难者就更多了。在唐山，最深的印象是到处都是苍蝇，晚上回来时，连帐篷都看不见绿色了，全是黑色的苍蝇，这些苍蝇是在尸体里爬过的。上海医院的医护人员来打药水，那种背包式的机器，喷过药水后，地上、铺盖上、被子上全是苍蝇，包括吃的汤里面，也是苍蝇。炊事班没辙了，老夏刚刚说的痢疾就是这个原因。二中边上有一个校办工厂，工厂边上的铁皮棚子没倒下来，一有余震了，棚子"砰砰砰"响，根本没办法睡觉。

当时特别难受的，就是死难者散发出的那股味道。他们口罩里弄的是牙膏，我倒的是酒精，酒精跑掉之后就没有用了。刚才说到防毒面具，我记忆犹新。为什么？因为防毒面具我们班只有一个。不是出去就戴，是挖死难者的时候才戴，戴了一段时间后，我脸上的皮掉了两层，因为太阳太热，汗水淋漓。地震后正好下雨，下雨后，尸体上都长满了蛆。但是没办法，当兵的，死难者一定要拖的，我们不拖谁拖，总不至于要老百姓去拖吧。包括老夏刚刚说到死了七口的那一家，夫妻小孩三个都是我拖出来的。三个人抱在一起。我估计是老公拖老婆的时候，顺便抱了小孩，结果房顶压下来了。这房子是老百姓自己的。屋顶的梁上盖了一层芦席，芦席上面是泥巴，为防冷泥巴很厚，泥巴上又是很厚的一层水泥，是煤渣一样的东西，防漏雨的。全部是平顶的，平房压下来可够厉害的，睡的是炕，压下来一个都逃不掉。

我们还遇到一个居委会的组长，他的姐姐是医学院的学生，住在四楼，怎么下来的她不知道，因为是快天亮的时候，她穿了女孩子的小背心，一个三角裤，从四楼的窗户边上和墙一起下来的，那个女孩因此保住命了，这还算是运气了。从唐山回来之后，我得了一场肝炎。我 18 岁当兵，那是第四年，22 岁多一点，什么都不考虑，领导怎么布置的，我们就怎么干，一门心思就是奉献。

另一个任务是干活。真是累都累死了，真的。没有工具，全靠手，戴了一双纱手套，纱手套没什么用，又没有镐头。我们跑到一家人家里，主人压断了腿是重伤，用飞机转运出去了。这家邻居说，他们家女的在唐山市百货公司上班，很多人托她买东西，有钱，有物。大概到12点时，我们挖出来125块钱和一块放在盒子里的上海牌手表。在当时这125块钱是很大一笔钱了。我们是两个人挖的，就在准备拿走的时候，我们就听到老百姓有话说了（*唐山话和普通话差不多的*），我们依稀听见他们说这两个当兵的，这些东西不知道怎么回事了。说实在的，我们一点都没有动心，立即就上交了。我们一是年轻，一是受的教育很严格，用现在的话来说就是正统的，是正能量。

记得一次我带班里的战士去发电厂清除垃圾，全是倒塌的瓦砾，没有工具，更没有机器，全部用手挖，用手抬。有一个水泥立柱，两个人都抱不住，下面挖空了之后，一下子就滚过来了，正往我这边滚，我一路退退退，退到一个断壁边上，再也退不了了。当时吓傻了，不知道往边上躲，只知一路退。还好呵，它滚到离我不到一米的地方，停下来了。要是再滚一点点，我肯定就被压住了，后果呢，就没法说，也许小命就丢掉了。

我们在唐山坚持到9月底，天开始凉了，老百姓也要开始准备过冬了。我们走了以后，由陆军接替给灾民搭简单的抗震棚。

金洪德：

我们是7月29日晚上接到命令的。当时我在汽车排小车班，领导告诉我要到唐山去执行任务。我们部队的聂政委是老红军，当时派了一辆警务车，我负责给他开车。晚上下起大雨。营部大概三百多人，走的时候大概十几辆车子。

跑了五六十公里，到了绥中河。沙河大概三百米左右宽，没有桥。如果不下雨的话，车子就到河里跑；下雨的话，洪水过来了，车子就过不去了。在路上碰到沈阳军区的40军，他们属于野战军，什么东西都带了。我们就是一辆车子，一个人一个背包。他们的车子快一点，只有一条公路，在我们前面，所以他们先到绥中。我们到绥中的时候，被河水堵住了，几百辆车子没法过，都是部队的车子。我开的是指挥车，就到前面去了，和40军的领导在一起。后面的车子没法走，车子停了十多公里长。

领导们一看，这雨还在下，河过不去，好多车子都陷在绥中。但是命令是限时到达，于是与40军首长商量，由40军首长请示，给沈阳军区司令部发报，说路上过不去。司令部回复：你们用人把车子抬过去。河对面就是一个县城。

老百姓说以前下雨的时候，都是用拖拉机把车子拖过去，那是要花钱的，我们以前到山海关、到北戴河、到秦皇岛，都是靠这种办法。一下雨的时候，这种拖拉机就出来了，专门做生意。我们车子上没几个人，陆军部队就帮我们抬。我记得共有三部吉普车，是陆军兄弟帮我们抬过去的。我们到县政府，希望他们把部队车用拖拉机拉过去，就跟他们领导说，你们能不能用喇叭叫一叫，把所有的拖拉机集中起来。因为我们是一个营，沈阳军区是一个军，有好几万人，我们跟在他们后面，大家都在一条路上走。

我们做驾驶员的就在县府大院边等着，县领导组织的拖拉机来了以后，一看几百辆车子，哪里拖得了。于是首长研究后命令从绥中返回兴城，想把车子拖到火车上，通过铁路桥过河。谁知到了兴城一看，铁路桥也坏了，只得又回到绥中。那时桥已经由沈阳军区的架桥部队架得差不多了。那晚就住在公路边的车子上，这是第一个晚上。

第二天（30日）到山海关了。因路上车子太多，又有大大小小的坑，车子走得很慢。在山海关海军机场（就是林彪逃跑的那个机场），我们又住了一晚。记得唐山地震的时候，陈永贵来了，我们就把路让开，让负责指挥的领导的车子先过。我们部队从驻地到唐山，大概三百多公里，平时一天就跑到了，这次竟然走了三天。

我们部队下午4点多到达唐山郊区，就看到铁路的铁轨往上拱了，拱得一米多高。首长先进市区察看地形后，接着部队再进入。马路旁边都是尸体，逃难的人比电影里的惨多了，很多都没有衣服的，太残酷了。首长的指挥车子过不去时，我只好下车先把尸体拖开。有的路段则像打擦边球一样，开着开着也就进入了市中心。首长开始勘察时，我把车子停在旁边，这里是一个倒塌的百货公司，我看到有马车过来，车上的人开始偷东西，两个人把一匹一匹很大的布，往马车上拿，再用塑料布盖住。我过去问他："这个东西是你们的吗？"他俩看着我的军装，犹豫着说："这个东西以前是我们公司的。"说着人就跑了。当时有趁机抢东西的人，不少的，很厉害的。我们看到有人被绑在电线杆上，就是这种罪犯。

部队单处长的家距离唐山三十里开外，救灾一个礼拜后，他想回家看看。晚上领导批准派了一趟车子送他回去。还好，单处长家在农村，地震的时候房子没有倒下来。单处长回家时，父母老人还在炕上坐着。儿子就问父母："你们怎么没跑出去啊？""我跑不出去啊。我一跑到门口，就跳回来了。""你都跑到门口了，怎么还跳回来？""我不知道啊，这事真是怪了。我跑了三次，都没有跑出去。"

大约过了半个月，首长对我说："小金，你不要给我开车了，你用这车送病号吧。"这就是刚才大家所说的，部队战士与死尸直接接触患痢疾拉肚子很多啊！我记得有一位陆军的小战士，一天拉了一百多次，最后都站不起来，就倒下了。我当时是负责将伤员定点送到沈阳军区野战医院。当时还有破伤风，因死人的血水很毒的，战士的皮肉稍微擦破一点，沾上血水了，就得了破伤风，这必须马上送医院治疗，不然很危险。我送这样的病人特别多。

还有就是送孤儿。有的父母把小孩用被子包着，从楼上扔下来，孩子活着，家里就没人了，这就成了孤儿。我就专门开车把这些孤儿送到飞机场，然后转运到其他地方。我开车看得多，当兵的干活，干着干着就晕倒了，抬起来就送到医院。

倪永明：

唐山地震的时候，我正在北京《海军报》报社学习。当天，北京的房子也摇得很厉害，人都跑出来了。

我们部队拍电报到报社，叫我立即回去。8月1日，报社用车子送我到唐山去，那天正好是建军节。

到了唐山的外围，因为路坏了，车子开不进去。海军的衣服和陆军不一样，所以我看到海军就问他们是不是我所属的部队，找了半天终于找到了。在唐山，我的主要任务是搞新闻报道。31日部队已经到达现场了。我们海军二炮学院组建了一个营，叫“抗震营”，一共有三百多人。当时的情况与其说是艰苦的，不如说是残酷的。河是干的，基本上没水；桥梁是断裂的，路是开裂的。我去现场看了，看到的都是解放军在用手扒，什么设备也没有。唐山这种抗震方式，除了政治原因之外，更重要的一点是生产力落后。

我们搞新闻的，白天是采访不到的，大家都在干活，我也会参与其中去扒人，只能晚上到帐篷里去采访。当时领导嘱托我们搞一个《战地前线报》，都是用手刻的。我们一共三个人，记得一共出了五六十期简报，同时，我们也为《海军报》写稿。我还与《解放军报》记者合作写了一篇通讯，报道了抗震救灾的红军老战士和年轻战士的具体情况。当时环境不好啊。我们住的地方有一个冷库，里面的肉臭了很难闻。这个冷库后来被炸掉了。

在采访过程中，我发现了一些小故事。我带来一个台灯，记得送给我的老乡姓吴，之前一直跟我有联系的，前年去世了。他家是丰南县农村的，女儿在唐山市里工作。我记得地震大概十多天后了，我正好要出门采访，他骑了一辆自行车，拿了一个塑料袋过来了。他跟我说：“我要去找我的女儿。”我问他：“你女儿在哪里？”他说地震后到现在还没有回来，不知道怎么样了。我就跟他去了那个地方，一栋三层的房子，都扑到地上了，当兵的正在那边挖。我问他：“你女儿还没回来，这么久了，你还认得她吗？”他说：“我女儿有个特征，两条辫子特别长。”后来挖出来了，确实有这么一个长辫子的姑娘，但是已经腐烂了。我们部队的战士就帮他把女儿的尸体抄起来，装在袋子里，老人自己带回去安葬了。这个老乡很感激我们，他是搞灯艺的，就做了个台灯送给我留作纪念，还留下了联系方式。

我们撤离的时候，老百姓讲得最多的一句话是："子弟兵做的事情，就是我们自己的子女，也不一定能做得到。"为什么这么讲呢？因为尸体真的太臭了，真的要叫自己家的小孩去扒尸体，他们未必动得了。我们刚开始的时候就用双手把尸体从废墟里扒出来，什么工具也没有的。尸体上的皮就粘在我们自己的手上，有时候尸血都沾到自己身上去了。这种场面，他们看到之后，确实很感动。

顾龙根：

抗震救灾时，我在部队的汽车班，接到的命令是运输。

前期，我们要把战友挖出来的死难者拉出去。刚开始拉得比较近，大概离市区十来公里；后期比较远，规定要在三十公里以外。我们汽车班就挖了一个三十米长三十米宽的大坑，专门用来埋死难者的。人太多，所以装入袋子一堆堆地往坑里埋。指挥车不算，我们大概有五辆车，有解放牌汽车，我的这辆车都参加过第二次世界大战，是很老的车子。

我对唐山有几个印象。记得刚进灾区一个礼拜左右，半夜里经常听见"突突突"的枪声，因为有趁机劫财的。背枪巡逻有北京部队的，也有当地民兵。他们不参加抢救人，而是防守一些要害的地方，发现情况是可以开枪的。有一次，我们坐在车上，飞来的子弹从一个东北兵的脑袋旁十厘米的地方擦过，差一点就没命了。我对这个印象比较深。

还有一个插曲就是孤儿，怎么来的不记得了，一个大概五六岁，一个稍大一些六七岁，在我们班里待了五六天。居委会说："白天由你们这带着，晚上我们带回去，也不影响你们休息。"

后期，用水相当紧张。我们中途又回来一次。我们这个汽车中队，有拖车、吊车、消防车、冲洗车。回来以后，我带了一辆消防车，一辆冲洗车。运水到唐山后，居委会组织大家来领水，帐篷外排队几百米长。我们后期主要做这些工作。

沈鑫森：

我们（**按：指沈鑫森与下文的戴忠德**）两个是解放军铁道兵 11 师的。铁道兵有“三荣”的口号：“艰苦为荣，劳动为荣，当铁道兵光荣。”我们去的地方，都是路不通的地方，等路通了，我们就走了，所以流动性很大。我 1961 年 8 月份从上海应征入伍到福建，以后又转战江西、内蒙古、陕西，兜了一大圈，后来到河北。参加唐山抗震救灾的时候，11 师正好驻扎在河北滦平县。

当年 7 月中旬以来，燕北地区下起了多年未见的暴雨，我所在部队正在紧张地抢修京通铁路。28 日凌晨，我师机关驻地也有明显的震感。那时，在师司令部军务科任参谋的我，正和师参谋长等三人，从修理营防洪回来，刚踏进宿舍门，就听见房屋的震动声。求生的本能使我喊起同室睡着的战友，一起跑到门外，顶棚就哗啦啦地塌下来了，好险呀！住在其他屋内的战友们也都迅速奔到室外，七嘴八舌地议论着，是哪里发生了地震？震中在哪里？一时谁也说不清。但大家很快意识到部队要执行抢险救灾的任务了。

不久，我师就接到前往唐山抗震救灾、抢修抢建铁路线的命令。29 日是待命做准备工作，大部队出发时间是 8 月 1 日。师机关迅速成立了指挥部，先遣人员于 29 日中午就出发了，然后由师首长分批率部队前往。我是随副师长第二批出发的。从滦平到唐山，要经过兴隆。兴隆是山区，到处都是盘山公路。当时，几十辆解放牌卡车，分载着人员、物资，行驶在公路上排成了一条长龙，途中不时还传来战士们的阵阵歌声，士气高涨。

到达唐山时，天快暗下来了，我们见到的是一片令人伤心的凄惨景象，高楼倒塌，烟囱拦腰折断，电线杆东倒西歪。只有部队的车子才能进出。群众伤亡惊人，受伤的群众大部分还躺在公路旁，等待救援。野战部队正冒着余震的危险，在废墟堆寻找、挖掘伤亡的群众。由于担负的抢险任务不同，我们无法与野战部队并肩战斗，而是匆匆地驶向抢修铁路的目的地。但是我们当时找不到路，民兵都是从天津过去的，他们也找不到路。

抢修部队到达指定位置后，马上安营扎寨。铁道兵流动性大，所以条件艰苦惯了，帐篷啊，后勤保障需要的粮食、物资啊，都是自己带去的。我们部队就在铁路两旁，借用农民的农田和菜地搭帐篷，睡的都是我们自己带的铁床。帐篷因为搭在农田里，铁床的铁皮往下沉，差不多接近泥土了，蚊子特别多。帐篷内外一样炎热。我们喝的是就近自挖的井水，又苦又涩；吃的是自带的罐头食品加咸菜，没有味道。

我们边安家边勘查现场，展现在眼前的情景令人吃惊：铁路路基遭到严重破坏，有的地段路基下沉、开裂、冒浆；有的地段钢轨位移、扭曲、拉断；沿线有几十座桥梁不同程度地受到破坏。抢修的难度很大，任务很重。

可是部队下了死命令，一定要在规定的时间内完成。因为铁路不通，物资运输就成问题，伤员也运不出去。我们当时负责抢修的是京山铁路段。指战员们为了唐山人民，为了铁道兵的荣誉，很快按照抢修方案展开作业，冒酷暑，战高温，不怕苦，不怕累，晚上用马灯、手电筒照明抢险，做到昼夜奋战。工地上有的抢修路基，有的预制排轨，有的抢修大桥，各个工种分秒必争。抢修期间还时时发生余震，但是抢修始终没有停顿，时间太宝贵了。

连续超强度的作业，战士们一个个消瘦了，有的还负了伤，令人心疼。可是限时通车的命令不等人，不允许有丝毫的怠慢，军人以服从命令为天职，祖国需要我，我就要为祖国作贡献。指战员们凭着军人的坚强意志和毅力，靠着英勇顽强精神，日复一日，终于在 8 月 7 日使京山铁路线提前恢复通车。大家自豪地说："我为鲜红的八一军旗又增添了一份光彩。"后来，我们再按照永久性标准进行维修。全师从 8 月 1 日到 10 月 18 日，历时 79 天，共有 6619 名官兵参加，出色地完成了铁路干线、厂矿专用线、生产生活临时房屋等 20 项抢险任务。其中，一个连队荣立集体一等功，还有很多二等功，展现了铁道兵的风采。

戴忠德：

铁道兵11师比较靠近唐山，就是我们部队。我当时在师后勤部物资科任助理员，临时抽调在抗洪防汛指挥所昼夜值班。28日凌晨不下雨了，上游的水位比较平稳了，参谋长让我们回去歇息。我回到宿舍，刚躺下没多久，隔壁的同志跑过来敲门："快！快！快！"我们才知道是发生地震了。我们这里震感强烈，有的墙壁还开裂了，有的墙角塌了，有的顶棚掉了下来。大家心情紧张，但一致的想法是部队要去参加抢险救灾了。果然，我师接到了兵部命令前往唐山抢修铁路。司令部参谋长向我们宣布：从今天起抗洪防汛指挥所改为抗震救灾指挥所，大家做好随时出发的准备。

第二天傍晚4点多钟，参谋长带队先打前阵了。我是后勤部的，负责管理物资，铁路上抢修要相当多的物资保证，包括起道器啊、弯轨器啊等等，这些东西一样都不能落下，落下了就不能干活。

8月1日早晨，我随抢修部队从滦平乘汽车前往唐山，途中行驶的公路大多是盘山公路，而且路况不好，坑坑洼洼，所以汽车行驶不快，350多公里的行程足足行驶了一天。进入唐山，我们看到的景象十分惨烈。先期到达的野战部队的战士们正在废墟堆里用双手搬开砖瓦、杂物，寻找有没有活着的人，并将一具具遇难者的尸体挖出来，放到汽车上运到郊外掩埋。空气中弥漫着一股股难闻的腥臭味。

唐山地震破坏性巨大，一路上我看到有的地段铁轨成了S形；有的地段路基垮塌、开裂；汉沽大桥8米粗的桥墩拦腰断裂……我知道，这次要比我在1962年参加鹰厦铁路线大禾岭段因暴雨引发的塌方抢修困难得多。我们部队到达抢修的地点后，我就前往师指挥所报到。我清楚地记得兵部郭副司令员对我师杜政委说："这次抢修铁路任务，我是总指挥，你是副总指挥。我是在国务院几位副总理那里立过军令状的，如果10天内不能抢通铁路，我俩就准备上军事法庭！"可见首长们压力很大。从那时起，杜政委就在汉沽工地三天三夜没睡觉，一旦发现问题就及时研究对策，采取果断措施，保证抢修顺利进行。我们铁道兵为了把河基清理出来，很多战士就直接泡在水里，有的连长在水里泡了二十多个小时。因为只有把河基弄好之后，才能搭枕木垛，铺架临时便桥。我们当时的设备没有现在这样先进。很多地方是一镐一镐挖出来，一炮一炮打出来的。就是在这样的情况下，我师指战员日夜奋战，终于在8月7日提前三天抢通京山铁路，首长们这才松了口气。铁道兵是一支非常能吃苦、敢于打硬仗的部队。

第二天一早，部队首长通知我：你马上带10辆解放牌汽车到天津铁路局仓库去拉抢修用的器材，驾驶员和车辆已经在等了。我说，坚决完成任务！我们来不及吃早饭就出发了。沿途有的路面开裂，有的下沉。许多桥梁损坏、倒塌，有的临时修了便道，有的河面上架着舟桥，所以汽车开不快，我心中非常着急。快到中午时，驾驶员对我说，大家早上都没有吃饭，是否找个地方填填肚子。正巧公路附近有一家点心店有馒头，我立刻叫驾驶员停车，上前一问，他们说，这些馒头是分发给灾民的，数量不多，如果你们真需要，可以给你们几个。我一想，既然是给灾民的，我们就不能与民争食。我对驾驶员说，我们是人民子弟兵，再忍一忍吧，到天津我请你们吃饭。驾驶员们毫无怨言，忍着饥饿又继续行驶在去天津的路上。

到塘沽时，正在开车的驾驶员对我说，快没有汽油了，可能跑不到天津，因为从昨天出发到现在没有加过油。这可怎么办？我们赶快停车找当地老乡询问，得知附近有座空军的油料库。我找到油库的负责人，希望借一点汽油，够我们行驶到天津就行了。开始，他有些怀疑，怕受骗。我解释说是参加唐山抗震救灾的部队，铁道兵11师共10辆汽车，是到天津铁路局仓库拉抢修铁路用器材的，时间紧急，请求支援。这位负责人看了看车辆同意了，而且10辆车油箱全部加满。我以铁道兵11师后勤部物资科名义写了欠条，签上了我的名字，千谢万谢，请他们以后与我师结算。兄弟部队在救灾的关键时刻出手相助，体现了军人一家亲。

到达天津铁路局仓库时，我出示了铁道兵兵部开的介绍信，他们立即打开仓库。我按照料单，请他们帮忙装车，满满地装了十车的器材。他们听说我们一天处于饥饿中，十分吃惊，虽已过了晚饭时间，他们立即带我们去食堂，叫炊事员加班，我们终丁吃上了 顿热饭热菜。饭后，我们付了饭钱、粮票，做到了不拿群众一针一线，并感谢他们的支持。我们没有休息，连夜马不停蹄地返回唐山。我们的战士多好呀！回到唐山师指挥所时，天已亮了，我顾不得疲劳马上向副部长汇报，他说，你们为加快抢修进度赢得了时间，干得好；并叮嘱我赶快去休息一会，还有新任务要去完成。

当时唐山正值炎热的夏季，气温非常高，我们每天都是汗水湿透衣服。喝水都困难，更没有办法洗澡、洗衣服；住在野外搭的帐篷里，晚上蚊子多，睡不好；白天苍蝇特别多，个头特别大，弄不好就飞进菜里汤里，许多战士、干部患了痢疾。几天来，我忙于了解抢修器材供应情况，哪里需要就往那里分发，一天天地劳累，我也患上了痢疾，但咬牙坚持着，不吭声，想熬一熬会好的，就把生大蒜捣碎了直接吃，吃得胃都痛了。不料，三天后卫生员发现我病得很严重，我这才不得不被他们送回师部医院治疗。

至今，我仍为没有等到抢修结束而感到遗憾。

我们是“上海兵”（二）

——许笑非、夏淞生等口述

口述者：许笑非　夏淞生　陈兆吉　海国强　秦志民

采访者：金大陆（上海社会科学院历史研究所研究员）

　　　　罗　英（上海文化出版社副总编辑）

　　　　刘惠明（上海电视台《新闻坊》记者）

　　　　王文娟（上海文化出版社编辑）

时　间：2016年4月19日

地　点：上海市绍兴路7号上海文化出版社会议室

左起：夏淞生、许笑非、陈兆吉、海国强、秦志民

许笑非，1952年生。1969年云南景洪总场插队。1971年入伍，历任战士、班长、排长。曾任杭州海洋二所助理员（1983年集体转业）、主任等职。

夏淞生，1951年生，中共党员。1969年插队落户。1974年入伍，历任战士、班长。1978年复员。曾任曹杨街道武装部干事、真光街道宣传科科长等职。

陈兆吉，1953年生。1970年赴黑龙江孙吴县插队。1974年转安徽天长县插队，同年入伍，曾任战士、班长。1978年退伍。曾任上海公交汽车三场党支部书记、市级机关汽车服务中心副主任等职。

海国强，1952年生。1974年入伍。1978年退伍。1979年调上海出租汽车一场，1992年调上海大众出租汽车公司，任一分公司经理。

秦志民，1954年生，中共党员。1971年下放安徽天长县。1974年入伍，历任战士、班长。1978年退伍。曾任上海县物资局建材公司团支部书记、工会主席等职。

（以上以口述先后为序，五位口述者均曾为38军112师334团战士，1976年唐山大地震后，第一时间赶赴现场救援。）

许笑非：

第38军接到任务的时候，正在分散训练。我们在河北易县农村，当时震感不是特别强烈，但也感受到了地震，我们都跑到院子里来了。

后来，我们这个334团，被中央军委命名为“唐山抗震救灾英雄团”，立功受奖的人相当多，唐山抗震救灾纪念馆里就有很多我们团的纪念照片。这是一个红军团，一个英雄团，是1928年7月平江起义的湘军教导团，第一任团长为彭德怀，党代表滕代远。

抗震救灾的命令下达后，我们就直接到团部集合；而后在团部门口分派任务，每个连都不再进营房了。来一个连，接一个命令，就直接走。当时接到的命令是天津宝坻周围发生地震，具体震中在哪里不知道。10点多钟在路上的时候，以连为单位的推进目标就是直奔唐山一线了。

我们是摩托化的部队，一个连十辆解放牌的车。一路上，我们都坐在自己的背包上，周围都是棚子，什么也看不见。车队在天津边上的时候，好多老乡都出来下跪、拦车、求救。部队没办法，只能下来劝。劝解以后，继续往前走。越接近唐山，路上碰到桥不是断了垮了，就是质量已不够通车了。唐山那边河里的淤泥已经抛上岸打到路上了，可见当时河床晃动的程度。你想想我们一个师，光车就有一千多台。没有路就只能绕，但各个连必须在规定的时间内准时报到。应该说在军委的命令下，我们38军承担的肯定是主要责任。

下午5点多一点，部队到达唐山。战士们都傻眼了，因为整个城市都废了，连铁路的钢轨都跟麻花一样，要不就突然陷下去一米多。后来听说，地质学家李四光曾跟周总理讲过，要特别注意唐山一线，因为这里是太行山脉两个断层的交会点，是地震频发的地带。其实此前中央已派飞机过去了，飞机上的首长只看到了一片废墟，不知道下面就是唐山，唐山就是地震中心。

街道两边的房屋都塌下来了，车子开不进去，我们是跑步进去的。唐山的重点区域在火车站、旅馆、医院等公共场所，因为这些地方没有本地人。属于本地人的邻里乡亲，只要存活的，就会互助救援。凡是活下来的人，都是搭个三角的小塑料棚，能躺一躺就算不错了，别的一点办法都没有。

说句实话，我们看到的到处都是遇难者遗体。各种被砸得乱七八糟的伤员，则被送往空军机场，机场的草坪上密密麻麻全都是人，在那里干等着。当时救援的医疗队都还没到达。我弟弟是35团的，送伤员到机场时临时把他一抓，护送伤员至石家庄，飞一趟又回来了。他说那是他第一次坐飞机。

估计废墟里没有活人了，我们连就开始转运遇难者遗体。我们没有口罩，没有手套，没有工具，都用手去挖去刨。因为部队接到命令就直接走了，没人知道这灾情的严重程度，会死亡这么多人，自然没有准备，没有人去解决这个工具的问题。下雨后，尸体开始水肿，接着就开始腐烂。一部车四五十具尸体，砸成什么样的都有。这里的老乡有个习惯，晚上多是裸睡的。当着老乡的面，我们只能一具一具地抬出来，往上摞。尸体拉到哪里去埋，活着的亲人都不知道。头几天，我的印象是，不管是谁，问问老乡："拿一个被单给死者包一包行不行？"老乡说："行啊行啊，他人都这样了。"几天过后，人就不是这样了，就要说："这是我们家的，这个不能用。"人为了生存都有私心，都想起要过日子了。

唐山人的住房多是平房，但北方冷嘛，顶上都是三合土，越厚越好，地震闷下来，房子一塌，底下是炕，旁边是窗户，人如果坐起来，正好从窗户弹出去了，只有这种情况还能活，剩下的全都死了。家属把亲人的尸体放在中学、小学的操场上，在操场挖个坑就埋了。可将来这些地方该怎么办啊？！所以一个月后，我们军人就接到命令，要把这些尸体全部挖出来，全部集中运往外地。尸体分两种，一种是我们自己挖出来的，另一种是老百姓埋下去的。

这样大约一个月后，就是要把老百姓埋在操场的尸体全都移出来的时候，我们就有防毒面具了。尸体运到南边果园公社处，那里有一百亩土地供掩埋尸体。好像是炮二连在那边挖，两米宽两米深的大坑；后来又把空军机场的草坪全挖上了，结果人家空军可不让了："陆军老大哥，可不能这样啊，这是我们机场啊。"最后还是落实在果园公社。我们在唐山救了这么多人，运尸体这么多，最后补发了一套的确良的军装。

说实话，我们当兵的也是普通的正常的人，再怎么年轻，再怎么穿军装，心里边还是感觉到恐惧的，没见过这么多尸体。连我们的团长都讲，战争年代哪怕是塔山阻击战，也没有见过这么多尸体，密度这么大。塔山阻击战在冬天，拿冻着的烈士尸体当掩体，就那样也没有这么多的人。白天大家紧张、劳累；晚上，不少士兵有精神反应说梦话。那个场面实在是太惨了。

我们部队一进入唐山，当天晚上就开始戒严，谁都不许再进去了；而后就是执法。确实有坏人劫财的，有的甚至推着破自行车，车上放一个筐，带一把锄头，就进去发财了。晚上，我们站岗、巡逻带枪是带子弹的，因为通知说有两个哨兵被暗杀了，部队牺牲两位士兵是很悲恸的。那时是“文革”后期，形势也很复杂、严峻。这样，基本上在一个礼拜后，我们就把秩序稳定下来了。此后，不管是什么人，再有发“国难财”的（**当时我们部队就这么称呼**），一律由部队处理。

记得大约一个月后，搞了一次“公物还家”运动，就是动员所有的老百姓归还公物：从商店拿的大米，可以自己留着，这是自救，没事儿；商店里的被单也可以拿，但是拿一沓不行；其他的东西，像手表之类的，你要是自己揣着，这就叫发“国难财”，如果不交回来，那么该判刑的就判刑。老百姓开始不吭声，后来有人向部队告状，说有坏人开着中吉普抢钱，证据确凿；宣判之后，车子拉着坏人走一圈，之后坏人就被枪毙了。这样整个唐山的治安环境就被稳定下来了。当然，在唐山救援的一百多天的时间里，即便在那个没有秩序的状态下，人性中“恶”的一面还是少数；“善”的一面还是非常突出的。例如，铁道学院有位体育老师，他儿子把他弄出来以后，就凭着双手救了二十多个人。

大概因为家家户户都有遇难者，活着出来的邻居一见面，一握手：“几个？你们家。”然后再肩膀拍一拍就走了。见面问对方家中死了几个人，在当时那个特殊环境中是正常的。有些老人自己活下来，儿孙辈却走了，他们中也有选择自杀的。中青年男女之间重组家庭的也不少。至于受伤断手、断腿的人，都算轻伤，不用管的，他们自己也不吭声。我们 个团的卫生队，500公斤的红药水，没几天就没了。后来我们盖房子的时候和老乡交流，他们一个干部一大块肉没了，胳膊折了，涂了点红药水还帮忙救援呢。放在地震前，住院个把月都不一定会出来；现在涂点红药水，它都不烂！人的生命力特别强。你平时可能真不行，到那当儿，人不知道怎么着就激发出了这样一种强烈的生存能力。

据我所知，唐山死人最少的是铁路职工宿舍的十二栋平房。那房屋是日本人盖的，日本是个多地震国家，有经验。房子上头吊了木头顶子，再往上才是瓦，木头的柱子有韧性，不像砖墙“哗”一下子就倒了。在我的记忆里，我们师曾救出过一个矿工，在巷道里困了十五天后才被救出来。当时的问题是一停电，电梯就没有用了，他们在最下头，要顺着巷道爬上来的话，非常困难，只能在里边干等着。还好矿底下很少塌方，因为巷道是拱形的，支架是相互依存的。地震那天应该是唐山矿的小夜班。什么是小夜班和大夜班呢？大夜班就是二十多万人都要下去，连家属都要把馒头送到井口。为什么呢？只要上海缺煤，唐山开滦煤矿就上大夜班，一天二十万吨供上海，因为上海当时占了全国百分之六十的工业总产值，因此要保上海。所以，我们在想，唐山那晚如果是大夜班，可能存活率更高。

唐山地震后，断电断水——黑暗并不可怕，可怕的是缺水。唐山有三个冰库，当时没空调，老百姓想凉快点或者救伤员，就让他们拿走了，这个是自救没问题。唐山也不存在吃的问题，当地粮站的存粮够三个月呢。酒库的酒早就被老乡拿出来消毒用了，或者在塑料棚边上浇一圈儿白酒，这个都不去阻拦。而老百姓没水喝，成了最大的危险。那个时候没有瓶装水，就只能靠部队到郊区去拉水，到农村的井里去打水。我们部队的生活都靠自理，每个连队都有炊事班，野战生存能力比较强。我们不缺粮和油，只是没有蔬菜吃。我们救援驻地的101野战医院一说没油了，我们马上给送了一桶过去。那时，部队之间没有什么钱的概念，三百多斤的花生油直接就给医院送过去了。

9月9日，毛主席去世了。上级指示我们做安抚群众的工作，先布置任务，再分配慰问区域，要求走访各家各户，包括废墟上简易的地震棚，都要去一趟，主要防止出现治安问题。其实，我们当兵的心情都很沉重。当时也没有广播，主要靠部队口头传达。与此同时，部队进入一级战备，背包打起来，睡觉都不能打开；枪弹不离身，随时准备出发。因为当时是“反修”的形势，怕苏联来捣乱。

1976 年 9 月，毛主席逝世后，唐山的解放军在追悼会上维护秩序时佩戴的工作证

我们部队在唐山一直待到 10 月 5 日。撤离之前的最后一项任务，是为老百姓盖好过冬的房子，每家要有一间房，我们每个班必须一天造一间房子。一个连十几个班，一天就盖十几间。我们连负责一个街道，在两个月不到的时间内，就全部做完了。这些简易的过冬房都盖在废墟上。首先要砌一米一高的砖墙，用的都是单砖，不是双砖。砖是就地取材，可以从倒塌的墙上拆，废木头也可以找一点。泥巴则是用车从郊区运过来的，车一到，战士们“呼”地涌上去，因为大家都有任务啊！然后浇上水赤脚进去踩，把泥踩成泥浆。屋顶上的油毛毡，都是从外面运来的，算是救灾调用品。

撤离的时候，部队传达不要惊动老百姓。在唐山就那么几个街道，在灾民们无助的时候，政府的人员也成了灾民，所以只有靠解放军，不然还能靠谁？！从救伤员、救人，到掩埋尸体；从给吃的，建住的，天天送水，到最后恢复生产，靠的都是咱解放军。唐山是和平解放的，唐山市民从未感受过解放军是什么状态。

通过两个月的生死接触，感情已很深了。我们走的时候，老百姓都自发地跑出来夹道欢送，给我们扔鸡蛋，扔感谢信。老百姓都哭了。

夏淞生：

刚才老许已经讲得很详细了。我做一些补充。

那时候救死扶伤，我们把伤病员放在车上往机场拉，进行运输急救，准备转运到外地去抢救。有些重伤员往往会在车上就死了，怎么办？又不能拉到机场去上飞机，于是就地停车给抬下去；但当地的老百姓不让，不是他们的乡亲，主要是味道太难闻了。这些事很难处理。

说实在的，我们当时也还是二十多岁的小青年，看到这么多遇难者，看到这么多惨景，简直是没法想，有恐惧感。我们晚上在帐篷里睡觉，出来解手，弄不好就被绊倒在死人堆里了。因为白天挖出来的遇难者遗体都是随意放的，拉走都是在晚上，但不一定全部拉得走。

部队的纪律是很严格的，我们战士不能乱跑。不允许打听，也打听不到。干活就干活，不干活就睡觉。

毛主席逝世后，部队开追悼会，在唐山的一个广场，搭了一个很简单的主席台，旁边都是倒掉的房子。大家胸前挂一朵小白花，低头默哀，仪式很简单。我们的任务是维护秩序，还发了工作证。当时很感动的，老百姓把收音机放在废墟上面，围着听。这些收音机大多被压破了，但是还能响。毛主席追悼会的广播一响，老百姓“哇”的一声都哭了。整个唐山大地震中，老百姓的哭声从未这么响，这么感天动地。

陈兆吉：

我在 38 军特务连。唐山地震时，我们特务连正在驻地搞军训，培训中央乐团的学员，我们算是教官。特务连当时除了留守营房的兵，去灾区的有侦察排和警卫排，以及工兵排部分人员，共计 80 多人。我们的任务较特殊，主要是保护部队首长安全和负责当地的治安巡逻。那时，政府、警察以及有关部门，都瘫痪了，等于没有社会管理了，民兵是临时组织起来的。

记得在一个星期内，发现有抢劫的，发“国难财”的人，我们可以抓，甚至可以动枪，我们的枪中是有子弹的。毕竟这是非常时期。在我印象中，我们是三人一组，分早、中、晚三班进行巡逻，具体还划分区域的。大约一个星期以后，就正常了。所以，我们特务连在唐山待的时间不长，大概不到一个月，我们就撤退了。毛主席逝世的时候，我们已经回到自己的营房了。我们跟当地的老百姓没有直接接触。

海国强：

我当时也在38军特务连。回忆这些往事，我还是很激动的。当天，我们特务连出发赴唐山时，下着滂沱大雨。为了赶时间，我们团连首长都是把路边扒的地瓜在车的发动机上烤一烤就当饭吃了的。

唐山有些民兵在执法时没有规矩，他们甚至把那些抢劫者用钉子钉在木桩上，这些事对我们部队来说是不被允许的，后来治安就由我们接管了。

参加唐山抗震救灾，尤其对我们来自上海的城市兵来说，真是一次考验。因为我们从小在城里长大，天崩地裂的地震，说老实话，一生一世也就这么一次，经历和感觉是刻骨铭心的。为什么呢？因为直接面对国家和百姓的灾难，所以，对国家、百姓的感情，是在特殊的环境中铸成的。我们这批38军的兵，真正体验到什么叫“血浓于水”。当地老百姓家死了那么多亲人，所以老人也好，小孩也好，见了我们当兵的就会上来塞个鸡蛋，真是很亲的，老百姓把心都掏出来了。我们这一批兵也尽了责任，尤其我们是上海兵，代表着上海这座大城市，感到无上的光荣和自豪。所以，这一次救援唐山大地震40周年纪念，唐山方面要邀请我们38军老战士回去看看，大家都比较激动，并早做准备了。像我这样肝上患了大毛病的，我跟我战友们讲，无论如何，只要我能活到7月28日那天，你们要把我带过去，去唐山看一看。

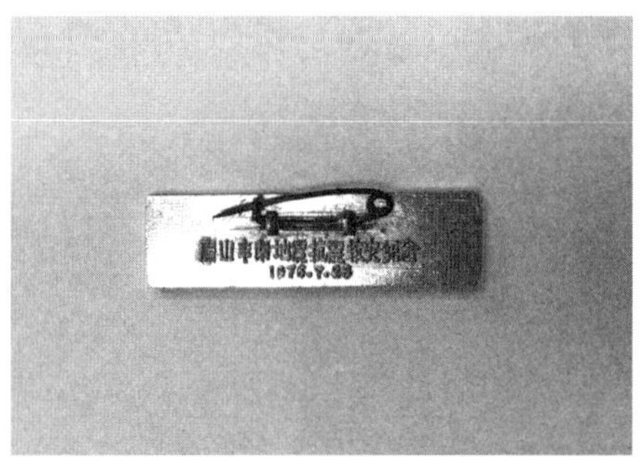

“人定胜天”纪念章

唐山大地震后，中共河北省委员会、省革命委员会赠送给海军的慰问袋

唐山老乡送给夏淞生的“唐钢”纪念徽章

秦志民：

我是陆军第 38 军 85 炮连的。

当时我们连队都到农场劳动。睡梦中突然感觉床在摇，我还稀里糊涂地骂了一句：“谁在摇床啊，半夜三更的！”直到外面大叫：“地震啦！地震啦！”我才赶快跑出去，鞋子都没穿。我们连队住在大礼堂的边上，大礼堂的椅子一会儿上一会儿下，晃得很厉害。我当时就想：“真的出事了。”

大概早晨六七点钟的时候，我们连队就接到通知，集合后就上车直奔灾区了。一路上雨下得很大，我们吃饭就在马路边挖个坑，把行军锅一摆（**当**

兵的都这样），烧了就吃。路上有好多地方都不通，只得开着车回头绕着走。

我们到达唐山的时候，已是傍晚四五点钟。路上全是往外涌的破卡车，上面挤满了东倒西歪的伤员，有的用手捧着血淋淋的脑袋，有的乱七八糟地包着，驾驶员也是这个样子。他们都拼命地往外开，我们的车子则要往里进，要挤进去抢救，这就造成了交通堵塞；往里面涌的还有从北京来的水罐车。

当天晚上，命令卡车上面的东西全部卸掉，卡车开到哪里？不知道！去干什么？也不知道！军令一下如山倒，当兵的就是这样。去了以后才知道，是去装死难者。这些死难者都堆在马路边上，还有些重伤员爬着爬着就死掉了。我们要把这些死难者抬到车上，再拉到不太远的郊区去。那边已经有人挖好坑了，两米宽两米深的一个坑，我们到达后拿棍子把遗体一个个往坑里推，接下来的事情就由别人管了。这样来回拉好几回呢。我此前从来没碰过死人呐，这个真的有点害怕。怕遇难者的血弄到身上，所以我们每人发了一张塑料纸。我敢说，我这个手上摸过两百个遇难者，这也没办法。当天晚上，因为有露水，我们就躲在车子底下睡。为什么不睡在车上呢？车子拉过遇难者了。

记得是第三天的时候，有老百姓来报告铁道学院那边二楼的房子下面有活人。房子是地板的，墙倒下来时地板没有散掉。怎么办？当然要救。我们赤手空拳，什么家伙都没有，怎么办呢？先用砖把地板砸断、掰开，扒了大概七八十厘米宽的口子，就派人钻下去。里边有人叫。我们就对他说，你不能叫，要保持体力。我们还把好几支葡萄糖送进去。这人很激动，大叫“解放军万岁”“毛主席万岁”！我们说：“你不要叫了。我们既然找到你了，就会把你弄出来的。”为什么给他吃葡萄糖呢？这里有个教训：上午就有一个小女孩，她的腿给倒下的房梁压住了，不能动，她躺在那里喊“救命”！房梁是钢筋水泥的，我们怎么也搬不动。她说要吃东西，我们一个战士就摘了还没熟透的西红柿给她吃，没过半小时，她就死掉了。我们这才知道只能先给被困的人员喝葡萄糖。我们施救时，医疗队有人来了，带有葡萄糖。其间，我狠狠地受了一惊：我奔走时，一脚踩在一个遇难者遗体头上，我吓得想大叫，头发都竖起来了。班长看了我一眼，示意我要稳定军心。他找了一块木板，盖在这个遇难者头上。因为把这个人从地板下救出来了，我们班长立了一等功，还去了人民大会堂受奖。

我们一进唐山便着手救幸存者。夜深人静时，我们就拿木棍或铁棍在废墟上，边敲打，边探测，边往前移，口里喊着“有人吗”，然后再听有没有回应。那时候不如现在有特训的搜救犬和仪器，可以探测下面的生命迹象。与此同时，我们也挖掘遇难者遗体。大约一周后，考虑到今后要重建新唐山，我们需要将已埋葬的尸体重新挖出来装袋，运到郊区掩埋。可是遇难者已下土好几天了，重挖出来的尸体，虽然四肢还在，但肚子已经没有了，尸体上到处都是蛆。所以，尸体挖出来后，我们就把这家的箱子（**北方的箱子都是很大的**）撬开，不管是棉被、毛毯还是被单，先把尸体裹起来，再拿铅丝或绳子头脚一裹，中间插根棍子，两人再把尸体抬出去。

实事求是地说，死人味道真的很臭，怎么办呢？一开始我们连口罩都没有，我们就把自己的毛巾撕掉，捂住鼻子和嘴巴。后来据说是从上海运来很多塑料袋（**实际上是“尸体袋”，我们当时就叫“塑料袋”**），因为我们必须重新把土刨开，把这些遗体重新挖出来，装进塑料袋以后，再运出去。这时候的味道可是大得不得了。怎么办呢？我们只得到当地的商店和医院，去寻找里面是否有用得上的东西。我们旁边有个高粱酒加工厂，它里边有很多高粱酒，我们就把这些酒拿出来，浇到遗体上。后来又有了套在头上的防毒面具，情况就好一点。再比如，我们从倒塌的医院里弄到葡萄糖，我们也能喝，毕竟我们也要劳动，这是没办法的事情。

救灾时期的生活方面，缺水是最大的问题。由于缺水，我们只能用煤矿洗煤用的水，来洗我们挖过遗体的手和脸，炊事班甚至用这些水做饭和烧水。炊事班烧的小米粥，先抬出去给老百姓。老百姓拿着自己的碗、锅在等着。我们行军壶里的水，也给老百姓喝。尽管我们自己的生活也很困难，不过当兵的为了部队的荣誉，一切都围绕老百姓转。当时，天上的飞机“哗”地往下扔大烙饼，一麻袋一麻袋地空投下来，我们当兵的是不能去拿的，只能维持秩序。我们炊事班蒸馒头吃。馒头出锅后，我们一个战士说：“今天怎么还吃赤豆馒头啊？”那哪里是赤豆，全是苍蝇。馒头摆好之后，都来不及盖上，苍蝇“嗡”地就飞上去粘在上面了。我们就把馒头上面的皮剥掉再吃。

我们刚进唐山的时候，看到有个人被捆在电线杆上，因为那小子刚从百货公司拿了手表，没人救他，所有走过的人都往他身上吐唾沫。这确实就是少数发“国难财”的坏人。我们部队的特务连是负责巡逻的，到晚上，我们外出也背着冲锋枪，一人三颗子弹。黑灯瞎火的，前面走过来一个人就喊，“站住，你再往前走，我们就开枪了”；再往前走，“啪”，朝天鸣枪；真要再往前走，我们就可以打了。

我们在清理现场的时候，也会挖出钱财和遇难者手上的手表。你揣在口袋里，别人是不知道的。但我们是不会动的，拿出来以后都得上交。部队的个别人有没有一闪念动私心的？老实讲，部队也有思想达不到境界的人。记得部队有个人拿了一件衬衫，就立即给遣送回去了，等部队完成抗震救灾任务后再行处罚。此人大概觉得没脸回家见爹娘了，就在水井房上吊自杀了。这说明部队的纪律是非常严格的。

最后说一说毛主席去世时的事情。那天吃中午饭的时候，连长和通信员从团里开会回来，我们看到连长的眼睛红得不得了，问连长出什么事情了，是不是家中有水灾啦？连长不说，召集全连战士开紧急会议。会上，连长宣布了毛主席去世的消息，大家的脸都抽筋了。我们想，毛主席去世还了得？就像天要塌下来一样。我们做起了小白花，每人一朵放在口袋里。那时才 12 点，全国人民都不知道毛主席去世了。我们一直熬到下午 4 点钟，才赶到定点负责的街道。老百姓见我们把收音机放在废墟上，以为有什么好事，开心得不得了，小孩子更是一边跑一边闹（**毕竟地震过去这么久了，人们的心情不可能每天都很沉重**）。我们则低着头，没有一个有笑容。 4 时整，收音机传来播音员向全国人民公布毛主席去世的消息，那一下子不得了了，老白姓抱头大哭："毛主席去世了，我们该怎么办？"我们便把小白花从口袋里拿出来，戴在胸口。这是9月9日这天的事情。

几天之后在唐山最大的一个会场开追悼会，我们也参加了。部队走正步进场，很规矩的，要表达对毛主席的敬爱。我们都很悲恸，脸色、心情都很沉重。追悼会的内容都差不多，主要是"化悲痛为力量"。同时，部队马上进入了一级战备，所有的东西都装在车上，我们把背包打好，把枪扛着，都等在那里。毕竟那时跟苏联处于对峙的形势。于是，我们每个人写决心书、应战书，宣誓保卫祖国，这是部队进唐山第二次写决心书。第一次是在奔赴唐山的路上，坐在卡车上写的。撤离的时候，我们把车洗得干干净净的，枪擦亮，背包打得整整齐齐的，毕竟算是凯旋了。

我们是“上海兵”（三）
——吴江山、葛进民、朱万高口述

口述者：吴江山　葛进民　朱万高

采访者：金大陆（上海社会科学院历史研究所研究员）

　　　　罗　英（上海文化出版社副总编辑）

　　　　刘惠民（上海电视台《新闻坊》记者）

　　　　王民华（原13师通信兵）

　　　　王文娟（上海文化出版社编辑）

时　间：2016年6月6日

地　点：黄浦区泗泾路21号

葛进民

吴江山

朱万高

吴江山，1965年空军招选飞行员，于上海入伍，进入空军长春第一预备学校十四期学习。1966年选入空军领航学院空中领航专业学习，十八期毕业。1976年唐山大地震后最初几天，曾为唐山空运物资并转运伤员。

葛进民，1959年8月招飞入伍，进入空军长春第一预备学校。1961年选入空军领航学院空中领航专业学习，1964年毕业。1976年唐山大地震后最初几天，曾为唐山空运物资并转运伤员。

朱万高，1958年9月进入哈尔滨空军一航校飞行专业十四期甲班学习。1962年毕业留校当飞行助教，1964年分配到飞行部队。1976年唐山大地震后最初几天，曾为唐山空运物资并转运伤员。

吴江山：

我是空军第13师第一个飞往唐山救援机组的领航员。按照规则，在执行飞行任务前，一般部队领导会直接下达任务，包括交代飞行的目的地、性质、要求及注意事项等，我们执行命令。我们飞行员都接受过严格的政审，例如有些核武器试验等特殊任务，都是很保密的，也都是领导直接下达命令。而这次去北京，所不同的是部队领导不知道是什么事，我们直接领受由空军机关下达的任务。

1976年7月30日中午，我们飞机由湖北直飞北京，经过2小时24分钟的飞行，飞机降落在南苑机场。空军领导机关交代我们尽快飞唐山机场，那里因地震铁路、公路交通受阻，只能动用飞机运送伤员和物资，保障抗震救灾的进行。在机场待命时，我们得知唐山机场的保障设施严重受损。第二天（7月31日）上午，我们飞往唐山，是我们部队第一架飞往那里的飞机。机型为苏联产安东诺夫12型飞机，简称安-12。这种飞机是通过民航的名义买来的，数量很有限，一共也没有几架，当时是国内最大的军用运输机。卡车可以直接开进去，体积能容纳两辆车。如果司机没有把握的话，可以利用电动绞盘将车辆牵引上去。

在飞往唐山的航线上，我看到地面公路上行驶着一些起重车辆。经过 32 分钟的飞行，我们到达唐山机场上空。我们看到整个唐山市一片废墟，没有一幢完整的建筑，心情十分沉重。机场就在唐山市的西北方向，距离七八公里处，飞机起飞降落时都要经过唐山市上空。我们落地后，首先看到的是上百辆军用卡车，在草地上有序地排成行，卡车上摆放着担架，担架上躺着伤员，那时天气热，卡车上也没什么遮阳的东西，伤员很苦啊。这时，我已感觉还有余震，跑道在晃动。

调度室主任跑步来到飞机前，他声音沙哑，已经有两天没有睡觉了，嘴角都是水泡，可能是长时间没有喝到水引起的。在他的安排下，卡车开到飞机后舱大门前，先安排重伤员的担架上机。为了容纳更多伤员，飞机上的座椅都拆光了。等装满伤员后，我们又起飞，飞往沈阳东塔机场。在航线上，我们又看到通往滦河的公路上抢险救灾的车辆穿梭不停。

唐山丰南地震抗震救灾纪念册及扉页上的毛主席语录

我们从唐山起飞，经过 1 小时 10 分钟的飞行到达沈阳东塔机场。救护车已经在那里等着了。飞机停稳后，医护人员紧急上机接伤员，小心地把担架往下抬。那些伤员很激动，因为等待时间太长了，这种心情，我无法表达。伤员担架卸完之后，我们对整个机舱进行打扫、消毒。清理完后，沈阳食品厂的汽车也来了，刚生产出来的食品就往机场送，还冒着热气哩。除了点心等食品外，还有药品和急需的物品等，一并由我们运往灾区。飞机在东塔机场再次起飞，经过 1 小时 20 分钟飞行，又回到唐山机场，马上卸货、上伤员。总指挥是陈永贵，他头上还缠了个白毛巾。

当天（7 月 31 日）我们就飞行了 4 个架次，飞行时间共 4 小时 13 分钟。8 月 1 日，我们机组按照这个航线，又往返飞行了 4 小时 59 分钟。8 月 2 日飞机装载救灾物资飞唐山后，主要是将伤员和失去亲人的孤儿运送至石家庄。据我所知，唐山的孤儿大部分被送往石家庄，还有到大连、潍坊等地的。在执行任务的 9 天时间里，我连续飞行了 8 天，其中只休息了 1 天，共飞行了 21 架次，21 小时 15 分钟，基本上都是短途飞行，在就近的大城市机场转运伤员和运输救灾物资。不瞒你们说，装尸体的袋子，也是我们从沈阳拉到唐山的。开始我们不理解，为什么要拉这些塑料袋？后来才知道，尸体就地掩埋的话，气味太重，用袋子装着会好很多。在这期间，我们没有在唐山吃过一顿饭，喝过一次水。确实，条件也不允许。在不顾疲劳和辛苦的情况下，主要是社会责任心促使我们抓紧时间，分秒必争地多运一名伤员，多装一件救灾物资，让灾区人民早点受益。

我们在机场待命的时候，有一个上海 411 医院的护士，她的丈夫是位唐山籍海军飞行员，便跟着丈夫转业来到了唐山。结果这次丈夫在唐山大地震中牺牲了。她的腿部和头部都受了伤。她知道我是上海兵，就找到我，问道："你们有没有去上海的飞机？"我说："这个都由调度室安排的。我可以去帮你问一下。"我从小在 411 医院长大，对这个医院很熟，很有感情。于是我把她的事情跟调度室主任说了。但我当时飞行任务紧急，说了之后，也没顾上落实。救援任务完成之后，我探亲回上海，专门到 411 医院外科病房去探视，她真的正在那里治疗。

这次救灾使我们充分体会到全国就是一个大家庭，一方有难、八方支援，为抗震救灾作出了贡献。同时，我有一个体会，当时国家的经济水平落后啊！汶川地震时，有多少先进的设备和技术运用到救灾啊。可唐山地震时连瓶装水都没有，老百姓能喝到游泳池的水已经不错了。这就是历史啊，令人心痛的历史教训。道路交通恢复正常后，我们空运任务先告一段落。8 月 9 日，我们顺利返回部队所在机场。

葛进民：

吴江山机组是到北京领受任务的，我们的机组是部队领导直接下达命令的。接到命令，我们 5 架飞机到唐山去参加地震救援。开始的时候，我们不知道唐山地震后机场还能不能用，飞机能不能落地。后来知道可以用。

朱万高：

因为唐山机场正好建造在一块大石板上面，地震对机场基本没有影响。

葛进民：

我们机组 30 日就赶到了。

朱万高：

我自上海当兵后，在部队工作了 26 年，在部队参与作战、救援等做了很多的工作，也见过很多大场面。但唐山大地震时，我们国家当时是极"左"，声称不接受国外的救援和援助。说句心里话，我活到七十多岁了，这一生所见所闻最惨烈的就是唐山大地震。

我们接到命令后，是 5 架飞机一起去的，飞机的型号是安- 26。后来我们国家又进了一批这种型号的飞机，要用 40 节火车皮的苹果跟苏联换一架飞机，后来又买了几架。我原来飞安- 12，安- 26 来了之后，我就去飞这种飞机了。

当飞机到达唐山上空的时候，我们看到唐山是一片废墟，基本上没有好房子。我们降落后紧急将那些骨头压碎的、腰压断不能动弹的危重伤病员送到石家庄。因为唐山医院都垮了，已丧失救护能力。那时候，每架飞机规定装载五十个成员，实际上拆除座位能拉到六七十个，所以地板上躺满了伤员。

葛进民：

最多的时候，我们拉到 80 人。先让人一个大字排开，把腿稍微拉开点儿，这样距离就短了，再把其他人插进来，增加运载的人数。

朱万高：

我们看到拉伤员到机场的，有汽车啦、拖拉机啦、板车啦、马车啦，什么样的都有，伤员就睡在门板上。拉过来以后，把门板拉到飞机上，再将门板一抽，伤员就躺到了飞机上。北方人有个特点，睡觉是光身子的，所以有的人没有穿衣服，就用毛毯、床单包一包。我拉过一个女的，敞了怀，一个很小的小孩趴在身上吃奶。小孩子很懵懂，一会儿爬到左边吃，一会儿爬到右边吃。看了很心痛！

听机场的战友说，唐山地震那天晚上，马路像波浪一样，先是上下起伏，然后是左右摇摆。我曾经拉过一个伤员，女同志，是唱样板戏的。那天晚上她住在唐山的一个招待所里，二楼有一个窗口。一地震就把她从窗口甩出去了。她想站起来发现已分不清东西南北了，因为什么房子都没有了，后来通过看电线杆，才能模糊辨认这是一条路。她被甩得还算好，一条胳膊摔断了，用绷带挎着，跟着我们的飞机转运出去了。

还有一个很小的孩子，父母全都死了。一个陆军的小女兵一直抱着她。转机的时候，这个小孩什么人都不要，只要那位小女兵。最后，小女兵跟着我们的飞机飞到石家庄，一直把小孩送到民政局，才跟我们回来。

葛进民：

如果现在想查那个小女孩怎么样了，可能还可以通过石家庄查到。

朱万高：

我曾和陆军兄弟交流过。我记得那时机场跑道尽头的后边，有一块草地，草地里也埋了好多尸体，都插了牌子。大概是个医院的，牌子上写了几病区，第几床，连名字都没有。

葛进民：

唐山的空军战友遇难的也不少。当时就听说：调度室四个姓刘的，一个也没留。很惨痛！

朱万高：

我们部队有个唐山籍的飞行员，5 月 1 日结婚的，休假到唐山。因没有了音讯，我们不放心，就跟调度室说了这个情况。调度室派了两辆车到他家去找，结果他家房子垮了，人已死在房子里。门缝里还有苍蝇飞出来。

葛进民：

记得去的时候，调度室给我们每人发了两个口罩。我还纳闷：发一个口罩就够了，怎么还要发两个？调度室人员跟我们说："发两个口罩，你都不一定够用呢。"果然，车子开进市区后，那个味道，简直要把人熏死。

朱万高：

转运伤员时，我们大概一分钟起飞一架飞机，所以可以看到我们五架飞机连成一串。

葛进民：

跑道上没有飞机时，调度室让我们自己看空中情况，自己注意安全。我们一分钟不到起飞一架，朱万高是机长，我是领航，我们俩一架飞机，精神高度集中。唐山地震那么多飞机来来往往，没有出事故，真是不容易啊。

朱万高：

我有一次很惊险。那天，我们的飞机从石家庄起飞后，往下看，地下很暗；往上看空中，正好有一架飞机对着我飞过来。他看到我了，我也看到他了。当时学员飞的左座，我飞的右座，还好紧急避险了。

葛进民：

空中相撞，碰到一点儿就完了。那时候飞行都很危险的，“眼观六路，耳听八方”，我们只能靠自己的眼神。一到空中，周围都是飞机，不谨慎不行。

朱万高：

唐山地震后，华北余震不断。我们半夜飞到石家庄，刚住下突然地震了，我在房间里听到外面走廊上“嗡嗡嗡”很响的声音，门就打不开了。

葛进民：

三个人都打不开。

朱万高：

有些年轻一点的士兵，想从窗户跳下去，结果给拉回来了。我跟我的师长卷了席子，在跑道的飞机边，睡了一晚上。后来有一次飞到山东潍坊，也是半夜里地震，卷了东西就往外跑。

葛进民：

一阵一阵地，搞得很紧张。实际上不全部是余震，有的是误报了。

朱万高：

当时的预备措施是给你们发一个锣，万一有地震了就敲锣，听到锣声了就往外跑。我们有位负责人，他因为太疲劳了，睡觉不留心，脚那么 动，正好把锣踢中了。锣掉地上了，“咣”的声音很响，他以为地震了就往外跑，结果脚趾甲都被踩掉了。为什么呢？因为飞行员都穿很厚很重很结实的飞行靴，那样的鞋踩一下，谁受得了？

葛进民：

我们在唐山机场见到许多上海的医疗队。刚才听你们介绍，38 军赴唐山救援中也有上海兵，可见“阿拉上海人”是真正作出贡献的。

朱万高：

我们是“上海兵”，转运伤员没有飞往上海。但这不是说没有重伤员转运到上海的，飞上海的任务是由民航完成的。

我们是“上海兵”（四）

——益福明、王壁新、陈官辉口述

口 述 者：益福明　王壁新　陈官辉

采 访 者：刘世炎（中共上海市虹口区委党史办公室主任科员）

王文娟（上海文化出版社编辑）

采访时间：2016 年 6 月 22 日

采访地点：虹口区四川北路海军 411 医院政治处会议室

陈官辉

王壁新

益福明

益福明，1936 年生，1963 年毕业于上海第二医学院（现为上海交通大学医学院），1964 年被分配至海军 411 医院任外科医生。唐山大地震时，任海军上海基地第二医疗队副队长，赴唐山参与抗震救灾。

王壁新，1936 年生，1951 年参加工作，1964 年从湖北省中医学院毕业分配到海军 411 医院。1976 年参加 411 医院的抗震救灾医疗队，在唐山工作一个半月，荣立三等功。

陈官辉，1952 年生，原海军 411 医院护士。1976 年唐山大地震时，曾参加海军 411 医院医疗队赴唐山救援，负责转运伤员，荣立三等功，获邀参加全国抗震救灾英模会。

益福明：

7 月 28 日唐山大地震那天，我没有值班。医院接到通知后，动作很快，马上组织医疗队。我爱人也是 411 医院的，大概 29 日早上四五点钟的时候，她回来通知我，让我做好去唐山的准备。我们很仓促地准备了一些东西，有床单和换洗衣物、个人生活用品，但都很简单，根本没想那么多。

上午 8 点钟，医院派了两辆汽车送我们到大场机场，乘海军运输机前往唐山。当时，海军上海基地组织了两支医疗队，一个医疗队以海军 411 医院为主，各科人员比较全；另一个医疗队由海军吴淞门诊部、海军上海基地门诊部、海军大场机场卫生队三个单位组成，医院派我去那里当队长，加强那里的力量。一个队成员大概有 20 人。由于我们是部队医院，一接到命令，就直接打开仓库，动用战备物资。要是临时准备，肯定没办法做到这么齐全的。私人的东西都带得不多。

由于唐山机场受损，我们不能直达唐山，所以先到杨村机场中转了一下，29 日下午两三点钟才到达唐山。唐山大地震以后，房子倒的倒，伤员瘫的瘫，少数人比较贪小便宜，发国难财。陆军 38 军赶到唐山当晚，开始实行戒严，主要的交通要道、大楼都派有哨兵，物资只能进不能出。那个时候没有生命探测仪，只有靠部队战士用手在废墟里扒。

到唐山机场以后，我们把自己带的医疗器械、帐篷搬下来后，找了块地势比较高的空地，把帐篷立起来。机场虽然还有些房子没倒，但我们不敢住，因为余震太多，不一会儿房子就震得“哗哗哗”地响。我们晚上躺在地上，余震都可以把人抛起来。如果房子塌了，我们都要别人来救了，还怎么去救人？所以我们还是住外面空地上。因为除非地裂开，像包饺子一样把人包进去，不然我们还是住高地安全些。我记得 8 月 4 日下了很大一场雨，还好我们帐篷的地势比较高，所以药品器械没什么损失。我们队当时带了 3 顶帐篷。一顶帐篷住男的，一顶帐篷住女的，还有一顶帐篷放我们带过去的医疗器械和药品。我们弄了些干草铺在地上，再把床单一铺，床就算搭好了，然后，马上就开始抢救伤员，该包扎的包扎、该固定的固定。

我们刚到机场的时候，有伤员，但不是特别多。过两天伤员就多了起来，大部分是解放军送过来的，也有居民自己送来的。当时唐山的医疗系统瘫痪了，环境恶劣，物资也比较缺乏，所以只能对轻伤进行清洗、包扎的处理，重伤员没办法进行手术，即使开刀，也怕感染等一系列的危险。当时，铁轨已被绞成了麻花，火车运不出去，很多伤员因此都聚集到了机场，靠飞机将重伤员转运到其他地方，进行后续治疗。听说当时全国只有 5 架三叉戟飞机，中央安排了 3 架用来转运伤员。那时候是夏天，地震又发生在夜里，因此很多伤员都衣衫不整，有光着身子的，也有的只穿一个裤衩。

因此，上面就安排我们驻扎在机场（**411 医院的医疗队则到了离机场比较远的乡里**），任务主要有两个：第一是分离出当地没办法处理的重伤员，通过三叉戟飞机转运出去，到北京的伤员比较少，到上海的有，还有到东北沈阳那边的，到天津的，到西安的，等等。第二是对滞留机场的、伤势相对较

陈官辉（左四）参加北京海军庆功会前，在天安门的合影

轻的病员进行伤口包扎、清洗。好多伤员肚子胀得像孕妇，其实只是小便解不出来，膀胱胀得鼓出来了，我们马上给他们插导尿管。我记得我们带了一二十根导尿管，一下子用完了，那些都是留置导尿管，也不可能重新拔出来。晚上我们还要打着手电筒到外面巡视，我记得当时看到有个伤员躺在草堆里面，找到之后，我们马上给他处理伤口。这样一来，当时的飞机也有两个任务：第一，出去的时候，运送伤员；第二，回来的时候，运输救灾物资，包括药品和食品，还有其他一些东西。

我们去的时候断水、断电，吃的是压缩饼干。断水的话，后来军队派了水车到农村，当时农村有灌溉用的水井，他们把水抽到车里，再拉过来。机场的水塔都倒掉了，没有水。后期好些，物资相对充裕了，地方慰问的东西也多了，食品得到改善，上面还给了我们半片猪。再后来，余震少了，机场有食堂，我们就在那里烧饭吃。

我有一次到唐山市里去，看到马路边上的尸体，五个四个三个两个一个，一堆一堆，都堆成小山。整个空气中都是尸臭，我戴了两只口罩，没有一点用。我往口罩里喷过酒精，没有一点用。唐山很少看到哭哭啼啼的人。

大地震之后，最怕出现瘟疫。机场的伤员转运和处理得差不多之后，我们就到农村去做了些防疫工作。当时看到死的驴啊、马啊，都在河里漂来漂去，里面也有人的尸首，景象很惨。尸体到处都是，还有狗吃人肉，如果咬了人发生狂犬病就不得了。我们的一部分工作是打狗，然后消毒，药品是上面统一配发的。我们到农村去了，防瘟疫之外，还帮老百姓看点小病。农村里是土房子，他们睡炕，地震后上面的东西掉下来，炕还可以帮忙撑一撑，所以他们能活下来，存活的人比较多，但整个人都黑不溜秋的。

当时有位女同志要生孩子了，可是没有妇产科医生，叶君南就说："我来帮她接生吧。"可见我们医生的知识面要相当广，不能局限在自己的专业领域。现在的医院就是分得太清楚，脑外科的只知道脑子，只知道神经，外科的只知道自己的东西。

王壁新：

我们海军411医院的医疗队是7月29日出发，从上海大场海军机场乘飞机到唐山，中间停了天津杨村机场，下午两三点钟到的唐山。一下飞机，就乘解放牌大卡车从机场进市区，看到路边很多用棉被裹着的尸体，我的心情很沉重。我们最后到了唐山市郊的梁家屯，在那里进行医疗救援，待了一个半月左右。到毛主席逝世的时候，我作为英模代表到北京，瞻仰毛主席遗容，然后回到上海。

当初，我们出发的时候，没有想到地震那么严重，生活上带的东西比较少，我只带了两个馒头、一个咸鸭蛋和一壶水，到唐山时，天气非常热，水喝光了，我还喝了阴沟里的水。

从机场到驻地，由于都是废墟，道路堵塞，直到30日的早晨才到达梁家屯。我们一到，人们就喊："毛主席万岁！解放军万岁！"我们就立刻开始投入战斗，一部分人架设帐篷，医护人员开始抢救伤员。

我记得，接诊的第一个是腰椎截瘫、尿潴留的伤员。我用导尿管帮他导尿，当时灾区有大量的尿潴留伤员，我们带了一百多根导尿管，很快就用完了，后来还用了麦秆。我接诊的第二个伤员是大拇指掉下来了，肌腱断了，我印象很深。我说要打麻醉，他说不要麻醉了，我痛苦几天了，你帮我剪断吧，这样在无麻醉状态下，我就把它剪断，然后包扎。那时，看不到当地人悲伤，看不到眼泪，看不到你哭我哭，他们见面时说话："还好吧？我还好，我家只死了6个。"大家都是一样的，各家无非是死得多还是少。

梁家屯是唐山郊区的农村，房子不太好，灾民没有市区的多。我们在梁家屯的一个麦场里面，搭了四五个帐篷，生活工作都在这里，旁边的青纱帐就是我们的厕所。我们带的医疗器械比较全，还带了一台30瓦的X光机。我们医疗队有骨科、脑外科等医生。灾民见到我们，不管是外科还是内科的，都是医生，伤员送来，先进行包扎、固定、转运。好像没做什么手术，只做了一个接生的手术。

有一天，当地灾民突然送来一个孕妇，要求接生，我们都是男的，没有妇产科医生。当时，只有一个手术室的护士叶君南，她不是妇产科医生，她去把孩子接生了下来，是顺产的，起名字的时候，我们就建议叫“抗震”，姓什么不知道。接生的时候，手术条件很简单，但我们带了自己的发电机，所以还是很顺利的。后来叶君南荣立了三等功。

当时，我们遇到的问题，主要是业务水平低。记得当地群众用平板车拉来的伤员，大多是脑外伤的，对脑外伤的处理，特别是清创工作是要有一定条件的，当时我们医生的业务水平也不高，现在看来可以救活的人，在当时救不了，虽然我们也尽力了，抢救不回来，也没有办法，那时死人太多。

有一次，一个小孩高热、惊厥、抽筋，我去看，这个病如果处理不好，会抽筋抽死的。我给他冷敷，用酒精擦澡，用冰袋降温，打退烧针，我就守着他，直到这个小孩情况稳定下来。那时真是忘我的，真是毫不利己，专门利人，当时的医患关系和军民关系都是极好的。

我们每天的工作就是背着药包走乡串户，处理一些发烧、感冒、胃肠感染等问题，有时一个人出去，有时两个人出去，不仅仅抗震，还要救灾，就是治病。最远也就三四里路，不能走远，怕走不回来。

那时信息也不灵通，跟家里没有联系的，是在封闭环境下工作的。我爱人还在湖北老家，不知道我去唐山后的情况，只有到人武部去看有没有“王壁新烈士”，非常担心我。在唐山抗震救灾，我荣立了三等功。9月6日，我们离开梁家屯，立功的同志到北京参加庆功会，医疗队则乘海军飞机回上海。离开的时候，梁家屯的老百姓都高呼口号，争相往我们的口袋里塞鸡蛋，跟电影里一样，使我真正认识到：人民的军队为人民，与人民同甘共苦，不能辜负老百姓。到北京第二天，毛主席逝世了，庆功会也不开了，改为瞻仰毛主席遗容，然后就回上海。

40年过去了，当年去唐山的经历，让我受的教育很深，对我人生的影响很大，我始终记得我们是人民子弟兵，为人民服务是我们的宗旨，不能辜负老百姓对我们的信任。1996年，我在411医院急诊科当主任，还成为模范人物，十台九报来报道我，就是因为我把工作放在第一位，把病人当亲人。当医生要对病人好，不能冷漠，你对病人冷漠，病号死了家属难道不找你吗？现在医患关系打官司都是因为冷漠。那时我为什么那么红，现在看来是厚德载物，实际上一是部队长期的培养，二是唐山抗震救灾的锻炼。

陈官辉：

我想，所有参加过唐山大地震抗震救灾的人，都对这段经历记忆深刻。唐山大地震的残酷、惨烈的灾情，我是第一次见到。1976 年 7 月 28 日，我那天正好上夜班。医院的领导接到上级的通知，说国内不知道哪个地方发生了严重的自然灾害，领导让我们出了夜班后，不要走远，待命准备。没想到第二天（29 日）清晨，我们就出发了。

我们部队有个传统，不管出去救什么灾，所有的医药品、干粮，都准备得很好。一声令下，我们马上打开战备仓库，“哗——”，物资很快就被运送上车了。于是医院很快送我们到了大场机场。因为当时海军上海基地以我们 411 医院为主，组织了两个医疗队，我们就从大场机场分乘两架飞机去了唐山。我记得，我们 411 医院医疗队的教导员是马玉忠，队长是赵进喜，副队长是王锡琦，我是团支部书记。

当时，开进唐山约十多万解放军，供应、抢救、运输，全都是解放军撑起来的。解放军是一声令下，部队马上就出发，步行的、坐飞机的、坐火车的，都有，一拥而上，一下子赶到了唐山。我们到唐山机场下飞机后，都被看到的景象吓了一跳，因为北方人睡觉，很多晚上连裤衩都不穿，那些从废墟里爬出来的人，只看到两个眼睛在动，全都是黑不溜秋的，有的身上甚至啥都没有。他们就这样拥到机场来，因为饿，就抢我们的压缩饼干。机场有士兵背着枪在维持秩序，但大家都饿啊，没办法维持。那个场景，真是可怕极了。

在那里，我们找到临时指挥部。临时指挥部就设在马路边废弃的公交车上，在那里进行人员的调配。穿过唐山市中心，我们看到整个城市都是废墟。马路旁边到处躺着活人和死人，受伤的人遍地都是。有的伤员爬出来的时候，还有气息，但因为重伤没有得到及时救治，就死在路边了。有的伤稍微轻点儿，也有完好的人，他们就拦着我们要东西吃，给了饼干他们就让路，我们一路准备了很多饼干。我们的车不可能压着路上的尸体过去，所以，一路上，还得将路中间的尸体搬开。我们开到指定地点梁家屯的时候，天已经蒙蒙亮了。

梁家屯在市郊接合部，当时有个面积很大的打谷场，我们在打谷场支起帐篷，很快就听到了驴车、马车的声音。人们把伤员运到打谷场来，我们马上开始抢救，非常紧张。

刚到时，主要困难是水的问题。我之前看电影《上甘岭》时，觉得人吃饼干咽不下去的场景不可思议，到那里之后，我才发现，人没有东西吃是没有什么大关系的，没有水喝才真的受不了。那时候方便面是没有的，我们带过去的都是军用的压缩饼干，很小一块饼干，吃下去，再喝点水，人就会很饱的。没有水的话，这个压缩饼干是很难咽下去的。北方是沙地，很难找到水，我们找到一个猪圈的水泥槽里还有点水，这个水我们还不能喝掉，毕竟医疗救援的消毒、针剂都需要水。7 月 30 日、31 日这两天非常炎热，水供应非常困难，我们很多医疗队员的嘴都起泡了，还有人热晕过去了，抬到帐篷里面凉快凉快，醒来后继续开展抢救伤员的工作。到后来，我们在高粱地找到一口井，七弄八弄，用一个拖拉机头把水抽出来，才稍微解决了喝水的问题。

地震时，很多人和牲口被砸死了，尸体遍地都是，在高温下，尸体很快就开始腐烂，苍蝇因此迅猛地繁殖出来。我们帐篷顶全都叮满了苍蝇，我们都不敢进去，一进去，鸡皮疙瘩就出来了。我们的手一拍过去，地上立马黑了一片，这绝对不是假话，整个唐山市都是苍蝇。后来，飞机开始洒药灭苍蝇，情况就好了很多。

我那时 25 岁，还不会理发，不过我还是带上了理发工具，因为伤员的头皮被砸伤了后，头发必须全部剃掉，不然没办法包扎，我就在那时候学会了理发。给伤员剃掉头发、清洗好伤口之后，我们就帮伤员包扎好。当时，有可能我在这里抢救病人，后面顶着我屁股的，就是一具尸体。场景确实非常残酷！

唐山刚开始准备建抗震临时医院，后来发现这得有个过程，等医院建好，很多伤员都可能得不到及时的救治，因此决定将重伤员用飞机、火车运送到全国各地进行抢救和后期治疗。我们医院的马林当时去唐山就是负责建临时医院，后来临时医院还是建了，只是床位由3000张缩到了300多张。

我专门负责我们医疗队的伤员转运。他们给我派了几个士兵和两辆军用大卡车，归我指挥，我每天就起早摸黑地来回跑。需要转出去的人，全都装到卡车里面。那些被砸伤的小孩子，有些还不会说自己父母的名字，身上光光的，连衣服都没有。我们就把绷带拉开，问他们："你叫什么名字？你几岁了？你父母叫什么名字？你家住在什么地方？"我们把这些信息都写在绷带上，然后把绷带捆系在他们脖子上——因为这些人最后会被送到哪里去治疗，当时是不知道的，我们怕他们到时候找不回来。

我们的车刚开始是开到火车站，后来开到飞机场。但究竟什么时候能到火车站或飞机场，我们是无法预知的，因为有很长一段烂泥路，而且堵得不得了，路上到处是遇难者遗体，我们得下去把遗体抬开，碰到其他车，我们就得排队。路上没水，吃的也不能带出去，两大车的人可怎么活？我于是组织医疗队员，让他们把水壶都交出来，灌满水。然后，我们把车开到总指挥部，向他们报告我是某某医疗队，我这里有多少伤员需要运送出去，让他们给我们一些吃的。没办法的，我们自己可以不吃，但伤病员不能饿啊，他们的生命交到了我们手里，我就要负责把他们平安地运送出去。水不多，我当时是扣住的，定点、定量地给他们分水。后来我们对仓库也熟悉了，到了总指挥部，就直接到相应的地方拿东西。在运输过程中，还有伤员死掉了，没有办法，我们只好把他们抬下车；我还碰到过刚开始很好的小孩子，到半路上不得不抬下车。

火车站是人员最密集的地方。候车室啊、旅馆啊、招待所啊，地震后坍下来了。解放军掀开废墟后，一层层的，全都是遇难者。遇难者被放在一条条被褥上，用电线，把头、脚扎一下，中间也扎一下，就给抬下来了。尸体放在马路旁边，堆积成山，路两旁，血水流成河。我们医疗队在城乡接合部，我来来回回跑了很多趟，见惯了这种残酷的场景。那种臭味，就是烂咸菜的味道，哪怕戴十个口罩也没用，真的，臭得一塌糊涂。

很多医疗队的伤病员，都集中在火车站和飞机场，大家都要争先恐后地把伤病员送上去。如果不抢先的话，他们就有可能上不去，耽误了病情怎么得了？所以，我们的战士一出去，就开始战斗。到目的地后，位子要抢，抬伤员上去也要抢。伤员送上去后，才算完成任务，马上开车调头往回开，接送下一批伤员。

我们当时根本没有专门的休息时间，连吃饭都很仓促，面条烧好了，大家“哗——”地涌上去，“吧唧吧唧”一下子就把面条扫光了，然后立马去抢救病人。最糟糕的一次经历，我记得那天下大雨，车正好跑到了烂泥地段，车子像陷在沼泽里一样，整个都往下沉；越开越往下沉，以致最后车都动不了。大家就下车推，身上被雨淋得湿透了，烂泥溅得到处都是，但还是推不动。我就跟驾驶员讲，不用开了，不然车子会越开越往深处陷，我们就在车里等到天亮吧。北方的气候不稳定，虽然中午很热，但早晚都很冷，我就让战士都躲到驾驶室里，将车子发动取暖，否则我们要被冻死了。到飞机场后，我们看到飞行员穿得笔挺干净，而我们穿的却是混合血水和烂泥的军装，真是一塌糊涂。

我们在城乡接合部的驻扎点，那里老百姓居住有个特点，一个院子有三代、四代人都住在一起。我们问老百姓家的情况，有的说“俺家还好，俺家只死了8口人”“俺家只死了9口人”，有的则是全家覆没。我当时就想：人真是奇怪，平时家里死了一个人，伤心得不得了，可是在那种场合下，反倒没人哭了，可能因为大家情况都差不多，一样惨。活着的人，将死去的亲人埋在房前屋后。但活着的猪啊、狗啊，很快就将尸体挖出来吃，一方面是因为尸体埋得不深，同时，大雨一冲，尸体上的土就没了。有的尸体甚至直接被丢到公路两旁的沟里，用土稍微掩一掩。我每天来回运送伤员，到处看到的都是死人。后来，通知下来，猪要定期杀死，马啊、驴啊、狗啊，全都要杀光，不然传染疾病可就不得了了。

当时，附近老百姓杀猪后，来不及吃，就送肉给我们医疗队。我们不要，因为我们解放军有“三大纪律、八项注意”，不能拿老百姓的一针一线。老百姓以为是因为猪吃过死人所以我们不要，其实不是这样的。他们硬要我们收下的时候，我们也等价交换，给他们一点我们带去的食物。北方人最喜欢吃饺子，到处都能听到“咚咚咚”剁肉包饺子的声音，猪肉和白菜混在一起的馅。

后来通知下来，所有房前屋后沟槽里面的尸体，全都要挖出来，重新安葬。唐山开滦的煤矿是中国非常有名的煤矿，煤矿里的煤挖掉以后，下面的空间没有及时填塞，地震后，上面的土就坍下去，形成了一个大水塘。尸体就往里面堆，把水塘堆满了，推土机再从上面填土掩埋。我觉得这就是“万人坑”。后来唐山搞市政建设，重新挖出来很多尸骨。尸体必须埋多深，土必须多厚，当时都有特定要求，否则泥土一被冲掉，尸体又重新露出来了。

在路上，我还看到有些没有受伤的人在抢劫。当年，手表算是很稀奇的，家里要是有台缝纫机，可以称得上富裕。有些坏人，假惺惺地去救护伤员，一旦旁边没人了，脱下伤员的手表就跑了。后来有些被抓到的坏人，甚至两个胳膊都戴满了手表。后来这些人都受到惩罚。

最苦的是挖尸体的战士。当时天热，他们是重体力劳动，尸体味道极其熏人，环境很恶劣。很多战士上去挖掘，没两个小时就晕倒了，战友们把他们抬到阴凉的地方歇一歇，缓过来之后，继续上去挖。相比而言，我们抢救病人，轻松很多。如果唐山地震后，没有马上派进去十多万解放军，恐怕很多不死的人，也要死了。解放军行动非常迅速、果决，遇到问题马上解决，能够有效地缓解次生灾害。不仅仅是地震，其他像水灾一类的灾害，解放军同样冲在最前面，即使要搭上命，他们也得服从命令往前冲。

我们第一次集中去北京参加庆功会的时候，在唐山市中心看到一个非常大的幼儿园，是木结构的建筑。地震的时候，木头虽然往下砸，但有一部分是拱起来的，留有空隙，后来解放军往里挖，看到孩子们一个个趴着、躲着，各种各样的姿势，没有被砸死，最后却是被饿死的。一个个都肿起来了，简直太可怕了。手不能去碰，一碰，就像豆腐一样破了。

在前往北京的火车上，给我们发了盒点心，很漂亮，还有两个很红的苹果，我舍不得吃，带回来了，结果都坏了。至于开会，给我的感觉就是，拍掌拍得手心都肿起来了。开完会后，我又回到了唐山。之后又开海军庆功大会，刚到北京，毛主席去世了，我们就在北京瞻仰了毛主席的遗容，然后直接回上海了。我们的教导员马玉忠，是一位非常勤恳、负责的同志，安排整个医疗队的工作，吃苦在前。每一次评选先进人物，大家首先推荐的都是他，但他一直推辞不要，真的是非常好的一位老同志。

刚开始不能写信，不能把当时的情况透露出来；到后来慢慢松一点了，我就给上海的医院写了一封信，医院的支部书记还回复了我，现在我还保存着这封信。

2006 年，唐山大地震 30 周年的时候，我们一起去唐山救援的队员还聚过一次，一晃，又一个十年也就过去了。

海军参加唐山、丰南抗震救灾纪念册

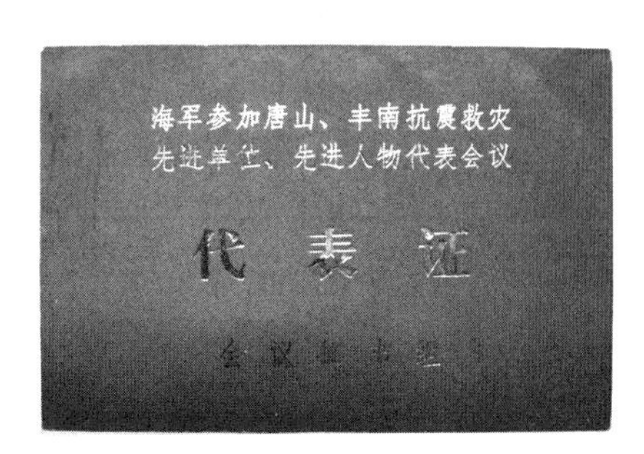

海军参加“唐山、丰南抗震救灾先进单位、先进人物代表会议”的代表证

陈官辉赴北京参加“唐山、丰南地震抗震救灾先进单位和模范人物代表会议”的出席证

大爱创造了奇迹

——白景儒、白海明、郭来访谈录

口述者：白景儒　白海明　郭　来

采访者：刘永海（唐山师范学院历史文化与法学系教授）

　　　　郭　明（唐山师范学院历史文化与法学系在校生）

　　　　赵　慧（唐山师范学院历史文化与法学系在校生）

时　间：2016年4月8日、27日

地　点：河北省秦皇岛海港区，白海明家中

　　　　河北省迁安市城关镇小王庄东面烟台吴庄，郭来家中

搜救小明明

白景儒，1938年生，地震时为唐山煤矿医学院（今华北理工大学）医生，后为秦皇岛市第一医院心内科主任。

白海明，1966年生，地震时10岁，现为国际海员。

郭　来，1941年生，地震时为66军589团一营教导员，后转业到唐山市房管局房地产权监理处，任处长。

引子

作为参与抢救“小明明”的医生中的一位，杨永年（原上海市虹口区中心医院药剂师、上海医疗队指导员）在2016年3月11日口述时回忆道：

我们医疗队开展医疗救援时，印象比较深的一件事，是救了一个被埋了七天的小男孩，我记得他的名字叫小明明。

据说，那天清晨，他有一个小伙伴，在废墟边听到下面有很微弱的声音，他感觉到是小明明，就叫来了小明明的父亲，后来又叫来了附近的解放军。解放军一边浇水，一边挖，当时不像现在有大量的机械，还有搜救犬，解放军就是靠手，这么一点点把埋了七天的小明明挖出来了。

我们医疗队不在挖掘现场，解放军把病人送到我们驻扎的地方，我们接收了这个病人，慢慢把他给救活了。我本来就想在地震40周年的时候写一篇回忆稿，现在你们来采访，也满足了我的心愿。

后来，小明明来过一次上海，寻找救命的上海医生。在虹口区中心医院，他们父子送给我们每人一个杯子，送给医院一个唐三彩和一面“恩重如山”的锦旗留作纪念。小明明的父亲动情地说：如果没有你们虹口医生，这个孩子就是扒了出来也救不活，现在孩子长得这么好，多亏你们了。现场蛮感人的。

刘永海：您可以将地震被埋的经历作一个详细的介绍吗？

白海明：好的。1976年，应该是7月28日凌晨3点42分，地震了。毕竟那个时候我还小，像很多人一样，还不知道所发生的就是大灾难，一时不明白是怎么回事。我们家住在唐山煤矿医学院（按：后更名为华北煤炭医学院，现与河北理工大学合并为华北理工大学）的家属院。我家住一层，是一室一厅的户型，还加一个挺窄的小屋，属于咱们家以前厨房的那种小屋。小屋里有一个火炕，火炕的对面有一张带抽屉的书桌。唐山过去卫生间马桶冲水不是有挂在墙上的瓷缸子吗，我们家有两个瓷缸，正好在桌子下面，瓷缸上面跟下面抽屉之间就这么宽的距离（按：大约70厘米）。

地震的时候，不知道怎么回事，就这么一晃，我就被平着甩进这个小空间里面了。我的头、脸贴着桌子的底面，头下枕着这个瓷缸子，动也动不了，翻身也翻不了，就这么待着，非常恐惧。怎么哭喊也没用，不清楚什么时间没了力气，我应该是睡了。也不知道过了几天，应该是第二天或者是第三天，我就醒了，啥也看不见，黑灯瞎火的，闹不清出了什么事，我就喊我妈，喊我爸，但是没人理我。这是咋回事呢？我也不清楚。

当时我记得有个蚊帐，缠在我脖子上，怎么抻也抻不动。后来隔了几天，可能有点昏迷了，躺在那里做梦，梦到我妈在那织毛衣，我就喊我妈，我妈也不理我。现在想当时的情景，我可能是产生幻觉了。已经过了几天

小明明被搜救出来

了，我还是死死地被困在原地，一点也不能动。吃喝肯定什么都没有，那时候想要吐口痰都不能，嘴里都是黏的，我就那么待了好几天。后来才知道，六天六夜。

刘永海： 您被压在里面的时候，周围的空间大吗？

白海明： 根本没有空间。

刘永海： 四肢可以动吗？

白海明： 动不了，翻身也翻不了。上面的书桌和底下的瓷缸之间，大概有70厘米宽，书桌就贴着我脑袋，里面什么都没有，就这样被困了七天。

白景儒： 我们住的楼上面是预制板，预制板掉下来，折了，刚好挡在那里，掉也掉不下去，两块预制板就挤着，土也掉不下来。

白海明： 我的脖子垫在搪瓷缸子上，脖子后面都给磨破了，现在还可以见到轻微的疤痕。

刘永海： 看来，刚刚发生地震的时候，您的意识还是挺清楚的，还可以喊？

白海明： 头一天两天，我还喊，过了几天，一是没了力气，二是没吃没喝，逐渐昏迷了，什么也不知道了。我被救出来时只剩下一把骨头了。

这里还得插一段，我父亲是唐山煤矿医学院附属医院的大夫，医疗水平挺高，口碑很好。28 日发生地震时，我父亲正好不在唐山，他是 26 日去石家庄开会的，会议是河北省卫生厅组织的。在石家庄，他听说地震了，然后连夜赶上最后一班火车，坐到了北京。那时候路上全是赶往唐山的各种车辆和急匆匆的救援人员，可以说是人山人海，但到唐山这边的客运火车已经没有了，铁路根本不通。他就打听有没有到这边的过路汽车，挺凑巧，碰到唐山一个自行车厂拉嘎石（**按：即电石，浸入水中能产生乙炔气体，上个世纪经常用来做照明灯**）的车，老爷子还挺幸运，坐上了这辆车。司机还和我父亲认识，他们到唐山的路上走了 24 小时。

到了之后，我父亲就开始自己扒，找我妈、我弟、我妹。我老家在秦皇岛这边，老家有我奶奶、我姑姑、大叔、姥姥、老叔什么的，地震之后，他们跟我家失去了联系。之后，到了 8 月 2 日，我大爷跟我五姑，就背着工具、干粮到唐山找我们来了。他们 2 日到的，第二天，3 日早晨， 5 点多钟，就继续扒我，还没有找到我，他们的意思是活要见人，死要见尸。早晨，我迷迷糊糊地听到我大爷、姑姑和我爸他们在唠嗑。我小时候在秦皇岛长大，

被救一年后，小明明随父亲看望救他出来的解放军郭来

对我大爷的说话声印象很深，我听到我大爷的声音，就用力喊我大爷，刚开始他们还不相信，没太注意。然后他就跟我爸说：好像听见小明明在喊我。我爸说：是真的吗？然后他们就喊我。我确认后，使劲喊我大爷，这样一来，他们才肯定我还活着。

刘永海：这应该是第七天了吧？

白海明：是的，就是 8 月 3 日早晨，也就是第七天早晨 5 点多钟的时候，我父亲一听，他们哥俩就赶紧根据声音的来向在废墟上扒我，然后发现不行。我父亲就说：赶紧找部队。就这样，他们找到了部队，正好赶上一营在附近。具体地说是 197 师 589 团一营一连一排的战士，他们的一排排长叫郭来。人来了以后，大家一起扒，扒的过程，是后来听郭来排长和我父亲说的。扒到最后，已经看到我了，废墟上的砖石瓦块量挺大，土挺多，怕把我呛着，战士们就一边泼水降尘一边扒。

白景儒：明明出来的时候都脱水了，大便都是干的。幸亏他被埋的时候，里边空间小，要是大一点，他能活动，在里面连喊带折腾，体力早就消耗没了，也就没命了。

刘永海：具体扒的过程是怎么样的？

白景儒：就像明明说的，早晨 5 点多钟，那个时候天热，越早越安静，等上午人出来以后，都乱了，外面乱糟糟的，什么也听不见，有哭的、有喊的，人们当时都是四五点钟就起来了。

7 月 26 日，我从唐山到石家庄开会，27 日晚 6 点到的石家庄，28 日凌晨的时候，地震了。地震的时候，石家庄也挺厉害。当时我们也不知道是哪里地震，听说是渤海这一带。我猜就是唐山、天津这边了。后来，我坐上一列火车，到北京之后 12 点多，然后找了一辆汽车，赶了回来。当时进唐山很困难，出去的车全是往外拉伤员的，人们都在喊自己家属的名字，谁也不知道家人到底是死是活，就希望能在伤员中找到家人，无论如何，即便受伤了，总算保住一条命。进去的车全是拉救灾物资的，还有拼命赶路的部队，当时的救援人员就是这么进去的。

我记得路堵得很厉害，堵得最厉害的一段是从玉田往唐山那边的路，路上帐篷很多。人们都在喊，只要拉伤员的车一停下，人们就喊自己家属的名字，我也在搭乘的车里喊，到处找。车开得很慢，足足坐了 24 个小时，我才到达唐山。到唐山煤矿医学院的时候，我连家的具体位置也找不到了，全都是废墟。费了很大的劲，我才确定了家的位置，但家里的人全找不到了，我就一点一点地在废墟上找。我们家中，第一个找到的是他弟弟（**按：白海明的弟弟**），也是被解放军救出来的。唐山机场的几个解放军，还有两个解放军是女的，把他给救出来了。他被压在床底下，被救出来之后，他从外面对着石头缝往里喊，找他妈，找他哥。

刘永海：刚开始被救出的只有弟弟？

白景儒： 找孩子他妈，没有；当时想的是，一种可能是被拉走了，还一种可能是还在里面。他妈和他妹妹是在 1 号左右被挖出来的。就是我一个人挖，所有的救援队都在找活人，找死人的话，都是自己一个人找，要是发现哪有活人的话，人们会一起挖。当时很多家庭都没了，大家都是先扒活人，再扒死人。我找到他妈和他妹妹以后，人早就死了，我找了条棉被把她们裹起来了。

白海明： 找我妹妹和我妈妈，全都是我父亲一个人扒的。

白景儒： 我们住的是三层楼，全部塌下来了，都是石头。救小明明那天，先是我哥和我妹到了，听到声音后，我就赶紧找解放军，197 师 589 团，一个排的部分人员，十多个人。

刘永海：用手扒的，还是用的工具？

白海明： 全都是手扒，我父亲一直找我，扒我把指甲盖都扒没了。

白景儒： 当时没有工具，如果是碎石头，就往外捡；大石头，能搬动多少就搬多少，后来郭来教导员说这样不行，会把孩子呛着。大家就想办法找水降尘。那个时候哪有什么自来水呀，包括喝的都是水沟里的脏水，放点黄宁苏就对付着喝了，吃的更没有。我们从水沟里找到水，边扒边泼水。遇到碎石头，我们就用搪瓷洗脸盆一盆一盆往外端，那时候都是搪瓷盆，没有塑料盆。遇到大石头，就想办法往外撬，撬的时候用木棍就行了，没有别的工具；有铁锹，也不敢用，没有缝隙用不上，有缝隙也怕伤到他，因为不知道当时里面是什么情况，所以用不了，大家都是用手扒。扒着扒着，有一块预制板落下来了，一个战士赶紧冲过去，拿肩膀硬是给扛住了，也不知道人家叫什么名字。这么多人，费了这么大的劲，就这么给扒出来了。孩子救出时，周围围了好多人。

刘永海：从解放军到来，直至救出明明，持续了几个小时？

白景儒：将近两个小时才彻底救出来。

刘永海：救出来之后，上海医疗队就在旁边吗？

白景儒：刚开始没有，那时候部队里有卫生队，卫生队里有两个军医，叫做意喜贤、毛同生，排长叫意图钻（音）。

白海明：当时我出来以后，还没有上海医疗队吧？

白景儒：部队里有抗震的项目，出来以后直接去部队了，两个军医还有我，我也是医生，就赶紧输液。这时候上海医疗队来了，他们当时在路南区，我看上海医疗队的文件上说，好像他们出了870多人，组成了56个小分队，这个小分队是上海虹口区中心医院的一个小分队，一个分队十五六个人，基本上一个医院算一个分队。后来给他们送信，上海医疗队就直接过来了，一共是五个大夫，一个队长带着四个大夫，队长是个外科医生，儿科大夫是范薇薇，内科大夫是沈医生。

刘永海：您出来的时候意识还清醒吗？

白海明：印象中是迷迷糊糊的。

白景儒：意识已经不清醒了，血压基本测不到，心跳得很快，嘴巴那里都是干的，只剩下皮包骨了。

刘永海：上海医疗队的救治情况是怎样的？

白景儒：当时在商量，能不能转出去，用直升机转出去，唐山的医院不能救治，不具备条件；但转出去的话，得上飞机，病情不稳定，恐怕还出其他问题。当时我和上海医疗队的沈医生商量，如果有条件的话，能否就在咱们唐山这里治。后来上海医疗队说，急救药品他们那里都有，血浆之类的，抢救心脏功能的药他们那里也都有，就在唐山这边治吧，然后就留在这里了。

医治地点就在部队设的帐篷里，条件还可以，跟他们军人住在一起。病情没有稳定的时候，上海医疗队的大夫们天天来；病情稳定之后，就隔两天来一次。当时外面还有别的伤员，他们就去处理别的伤员了，这边还顾着他。完全稳定之后，大概过了两周，大夫们就逐渐撤了；也不是都撤了，范医生和沈医生一直都在。

刘永海：这真是非常传奇的一段经历。刚刚我看照片，您后来还跟医疗队的沈医生有很多往来？

白海明：对。我 1977 年回到了秦皇岛，我父亲先把我安排到了秦皇岛这边，他自己一个人在唐山那里工作。他是大夫，也得治疗病人，那时救治地震伤员的工作非常繁忙，我父亲没多少时间照顾我，就把我和弟弟安排到了我奶奶家，我继续上学。那一年，我们爷俩专门去了上海看望大夫们，我父亲还做了一面锦旗，下火车时，一着急，把锦旗落在了车上；我父亲又去追火车，把锦旗追回来了。

白景儒：我记得锦旗上写了八个字：情深似海，恩重如山。

刘永海：你们也就是 1977 年去过一次上海，后来还去过吗？

白海明：后来没有，当时我在上学，我父亲工作也忙，抽不出时间。

白景儒：当时抗震医院事挺多，还要重建医院。当时医院搭的都是简易病房。

白海明：那时候通信手段也不像咱们现在这样方便，也不能留电话。

刘永海：上海社科院历史所的金教授说，联系虹口区医院大夫们的事情差不多了，说到时候让咱们过去。

白景儒：这以前，我还找过一次虹口区中心医院，他们说已经改成中西医结合医院了，我说找儿科的范大夫。过了四十多年，她也有六十多岁了，听说她出国了，考研考博什么的，出去了。沈医生也差不多这个年龄吧。

刘永海：白大哥比较幸运，虽然被困在里面了，但是没有被伤到。

白海明：对，我比较幸运，待的地方好。我现在知道如果当时越喊越闹，越消耗体力，就支撑不到被救的时候了。

刘永海：各种因素综合在了一起，地震被埋是不幸，奇迹般被救又是万幸，要是当时您喊的声音没有让外面的人听到，又是另外的结果了。

白海明：对，那天早晨他们哥俩在那唠嗑，一边扒我，一边唠，我一喊，我大爷一听，我父亲也怀疑。说实话，我父亲把埋葬我的土坑都挖好了，被埋了好几天，哪能活啊。我小时候是运动员，爱穿运动鞋，我爸已经给我新买了一双白球鞋，想着跟我一块儿埋了。

刘永海：大难不死，必有后福。

白景儒：唐山地震属于20世纪的十大灾难之一。

刘永海：确实是世界上受害程度最大的地震。

白景儒：据报道，当时死了24.2万多人，伤了16.4万多人，1700多人终身残疾，孤儿大概 4000，一万多个家庭都不完整，7000 多个家庭断炊绝烟了，全家覆灭了。挺惨的，我们能生存下来挺不容易的。

刘永海：**对，大家一起从死神手里抢回了白大哥一条命。**

白海明：多种因素结合在一起，包括后期救我的人，还有我父亲坚持不懈的努力，对我没放弃。

白景儒：当时那个时候，在那种政治背景下，华国锋总理去了唐山，他还接见了解放军郭来，说：听说你们部队救出一个小孩，代表毛主席感谢你们。当时党中央、毛主席对地震灾区人民给予了极大的关怀，救灾物资陆续都过来了，几乎把全国的力量都动员了，如果单靠一个人的力量肯定不行。我这里还有部队的照片，现在我们和郭来还有走动。现在地震有探测，以前都没有，很多人可能都是因为没有及时扒他们，错过了最佳救治时间。另外，明明在 1977 年的 2 月，有一个讲话录音，在中央人民广播电台少儿节目播出过。

刘永海：**现在还有这个录音资料吗？**

白景儒：我这里没有了，应该是 2 月 12 号，播了好几遍。广播电台肯定有保存吧。

刘永海：**我发现您挺重视收集地震这方面资料的，您保存的照片和相关报道，现在是很珍贵的史料了。**

白海明：我们很感谢所有救治过我的人。

刘永海：**今年是唐山地震 40 周年。我们唐山师范学院历史系与上海市委党史研究室“上海救援唐山大地震”课题组合作，现就当年部队和上海虹口的医生联手救出小明明一事进行采访。**

郭　来：我在部队干了 20 年，后来转业到唐山房管局，又干了 20 年，现在退休十多年了。40 年啦，但那场灾难和解救小明明的情景，仍然历历在目。

刘永海：地震时您及您所在部队的情况是怎样的？

郭　来：地震时，我所在的部队为陆军 66 军。其中，197 师 589 团驻唐山市东矿区赵各庄（**今古冶**），我在一营当教导员。强震发生时，我团本身就驻营在灾区，也有十多人遇难。但第一时间就由负伤的团长、参谋长组成了抗震救灾指挥所，下达了救人的命令，大约两小时内，救出数百人。接着，全团出动了 11 个连队，两天内救护驻地群众 1251 人，急救、包扎负伤群众两千多人次。我们一副营长家中四位亲属遇难，但他仍然带着队伍战斗在第一线。因我团组织自救互救，成绩突出，被中央军委荣记集体二等功。

刘永海：就此，可以说你们是最早进行抗震救灾的解放军部队。

郭　来：是的，因为部队驻在东矿，就近方便，况且想往别处走也走不了。道路都震坏了，汽车都动不了。救了一天，到 28 日晚上，银行、百货商店都派上警卫看着了。29 日又抢救了一天，东北的救援部队就开进唐山了。

上午，上级告诉我，要组织一个连去维持秩序，以便迎接东北的部队顺利进入唐山，因为地震的时候，滦县大桥断了，路的两边都是灾民，要让东北入唐部队的车开过来。我们那天上午主要是干这个活。29 日下午，好多部队都来了，像河北 66 军，东北的 40、39 军等，都是分片负责救灾的。我们 197 师被划分到了当时的唐山市革委会那片。那一片的道路都堵上了，第一辆车是我们副营长领着进去的。当时的条件十分简陋，没有帐篷，也没有背包，有的人只穿着裤衩，有的人还没穿上衣，武器也没带，急急忙忙就来了。这样，我们就开始寻找驻扎的地方。我找到了今煤医那边（**按：唐山煤矿医学院，今属华北理工大学**），那院里有不少大树，树荫浓，可供战士休息，毕竟战士如果没有体力也不好完成任务啊！同时地势也比较高，下雨也不至于涝水，很适合驻扎设营地，挺好，就这么定了。接着，我们就马上开始搜救，开始主要是扒活人，过了三四天，活人没什么希望了，就开始扒遇难者。尸体一具一具扒出来之后，用那种黑色的大塑料袋子装起来，移到路边。

刘永海：是等着其他的部队运走？

郭　来：不是，自己挖，自己埋。记得我们扒的尸体主要掩埋在路北区机场楼一带，那边有个大坑，尸体都埋到了那边。尸体推进大坑以后，再撒石灰消毒。7 月，正是天热的时候，四五点钟部队就起来开始工作，也不出操了，也不学习了，每天就是扒活人、扒死人，就干这些活儿。

刘永海：怎么发现小明明的？

郭　来：煤矿医学院里面有个标本室，讲课用的。我们的任务是在这个位置上扒人。小明明老家是秦皇岛，他有个二大爷，8 月 2 日赶到了唐山；他爸白景儒在石家庄开会，2 号也赶了回来，哥俩就碰面了。白家被压在废墟里的除小明明外，还有他的妈妈和小妹妹，后来发现她俩都遇难了。小三岁的弟弟白海翔比较幸运，几天后从废墟里出来的，只是胳膊被砸伤了，所以挎着一个胳膊。第二天早晨，天还没亮，白景儒哥俩就开始扒人。

这个小明明，是被秦皇岛的爷爷奶奶拉扯大的，跟爷爷奶奶亲，跟他二大爷感情也深。这哥俩一边扒人一边说话，小明明听见了，他对二大爷声音非常熟悉，然后开始叫，声音很小，跟小猫似的。白景儒哥俩儿恍惚听到有人喊，但听不清。然后找来一个小孩，小孩子的耳朵比大人灵敏呀！这孩子一听，说：是，是有人。这么着，哥俩赶紧就去找解放军。

刘永海：你们部队正好在附近吗？

郭　来：对，那是 8 月 3 日清晨 5 时许，我率部队一个排，正赶到那里准备执行别的任务。白景儒跑来报告了，因为我岁数比较大些，大小也是个领导。我一听此情况，就说：现在这个就是任务。当时扒人，扒活人，哪怕只有点滴的希望，也要百分百努力。我和排长立即带领全排战士，跑步赶到现场。不久，团长和卫生队医生也赶来了。但我在现场始终没有听清下面有声音，越着急越听不见。有个小孩说：我听见了，就在这里，有声音，很细小的声音。这样，我们确定了小明明的大致位置。

刘永海：小明明在下面埋了这么久，你们是怎么施救的？

郭　来：当时，我就是跟排长商量怎么扒。我说，最要紧的是不能使用工具，使用工具碰到人之后，万一人家没被砸死，被你工具给不小心伤到了，这可不行啊！再说，当时也没有现在这样先进的工具，只有棍子之类的东西。所以我说，咱们扒的过程，分两层作业，一层从废墟上层入手，因为它这个楼房的构造是格子楼，是石头垒的，跟其他的房子不一样，比较疏松，倒塌之后也只有两层，先从上面扒，可以减轻这个压力。现在找到了这个点，具体位置不清楚，但方向清楚，上面一个班挖，下面一层再让一个班横着挖，这样从纵横两个方向进入。倾斜的屋顶随时都有掉下来的危险。为了不伤着小明明，战士们用双手扒掉了一米多高、两米多长的断墙后，再扒出一个洞口。此时，余震发生了，一块水泥板突然下滑，一个大砖垛松动倾斜，战士们临危不惧，果断地用身体撑住，保障了抢救工作的顺利进行。

刘永海：看来救助小明明不是那么容易的。

郭　来：开始扒时，我就觉得不对劲，烟尘太厉害，特别呛。小明明被埋了一个星期，生命已经到了极限，千万别地震没把人压死，救人时把人呛死了。所以，我叫战士们扒的时候必须得泼水。大家就用锅碗瓢盆开始接水往里面泼，泼一遍水，扒一层土。真的，要是不泼水，就会被灰尘呛得窒息。因为往下泼水了，小明明被溅到了一点，有些兴奋了，声音也变得有些大了，这样就帮我们找到了具体位置。

刘永海：是你亲自从洞里把小明明抱出来的吗？

郭　来：地震七八天了居然还有活人，大家都很兴奋。当时救人的有不少都是年轻的战士，我怕他们控制不了力道，就自己进去了。我从洞里进去后，在楼角上发现一个小桌子。那个小桌子下边有一个老式厕所的那种水箱，震前是用来放粮食杂物的，我记得里面有一包挂面，还有点杂粮之类的。地震时不知道怎么一股力，就把小明明弹射到那里了。他在那躺着，稍微可以动，但是起不来，也出不去。他的位置非常好：恰巧在桌子下边，水箱的上边，被嵌在那里。事实上，他不能动反而好了，最大程度地保存了体力。扒着扒着，我看到小明明的脚了，接着再清除小明明身上的砖灰，就把小明明抱了出来。

刘永海：把小明明抱出来时的情况怎么样啊！

郭　来：被埋压了 147 小时的小明明获救了，在场的人热泪盈眶。当时，他整个人瘦成了皮包骨头，不到 20 斤，严重脱水了。他的脖子后边硌在水箱上，流出来的血都干了，排的大便也都干了。在扒的过程中，有一个医生、一个医助、两个卫生员时刻在周围准备着。救出后，医生准备氧气管，就怕他缺氧。那时候也没有什么好药。一个礼拜看不到太阳，猛地一见阳光，眼睛会被刺到，所以旁边搭了一个非常简单的小帐篷，找了个褥单，弄几根木棍一支，能遮阳就行。小明明的父亲是医生，他把葡萄糖液送到小明明嘴边时，激动地说："孩子，喝吧，这是毛主席派人送来的！"以后，我们就把小明明交给医生了。

刘永海：扒救的过程持续了多长时间？

郭　来：有一个多小时， 5 点多扒的，快 7 点才扒出来。

刘永海：现场有多少人参与扒救？

郭　来：很多，一个排，三个班，很多士兵的手都流血了，不能让一个人干，得大家轮着干。加上卫生所的人，得有四十多人呢。

刘永海：旁边有群众吗？

郭　来：有，小明明他爸、他大爷就在那，群众也在，大清早的，具体多少，就不清楚了，顾不上这个了。

刘永海：扒完了之后，第二天就转给了上海医疗队？

郭　来：军队中也有卫生所，刚开始是由他们救治。后来我们叫来了上海医疗队。

刘永海：此后的小明明是怎么救治的？

郭　来：小明明救出后，我也去看过他几次。我也知道一些上海医疗队的事，有上海医生在，这事就不用咱们操心，咱们也不是这个专业，没人家主意多。我听他们商量着，有人建议转运到外边救治，后来综合考虑，还是决定就地治疗。就前几天（2016 年 4 月 24 日）咱们去上海的时候看望的那几个外科大夫、内科大夫、儿科大夫给治的，人家当时检查一看，有生命体征，骨头没受伤，就是呼吸系统有问题，决定当地保守治疗，应该慢慢就能恢复。后面的事我就不知道了，还有其他的搜救任务啊。

刘永海：小明明被救出后，社会反应怎么样？

郭　来：当时就产生了轰动效应。大家一听说震后七天，废墟中还有活人呢，都很激动。这就是说，还有可能找到活人——他能活，别人不能活？所以，这件事又激起了新的一轮搜救热情。夜深人静的时候，大伙儿拿着管子去废墟上听，只要听见动静，就动手扒。以后，就有了扒出活鸡、活鸭、活狗的，还有扒出活鹦鹉的，总之，只要是活的，就得扒出来。其他部队最后扒出的是哪些人我不知道，我们部队扒出的就是小明明。

2016 年 4 月 24 日，白海明到上海拜望救命医生

为什么这孩子能活？好多人不理解，这六七天，他没吃啥没喝啥的。我想，可能是因为他们家这个楼是石头垒的，空隙大，空气流通比砖墙效果好，这是第一；第二就是他没受伤，使他能安全地活过来；第三个就是扒他的过程中，没用工具，救助方法得当，解放军边扒边泼水。后来，在总结经验的时候，上海的大夫都说这个处理方法非常好。我那时候也是急中生智。

刘永海：　40 年一晃就过去了。您手里还有救助小明明时的资料吗？

郭　来：有一张跟小明明的合照。

刘永海：听说郭海平（郭来之子）那里有一套抗震30年时的唐山电台采访录音？

郭　来：有的，是个老式光盘，现在还保存在唐山的家中。我可以转给上海的课题组。

为了规划“新唐山”

——谭企坤口述

口述者：谭企坤

采访者：金大陆（上海社会科学院历史研究所研究员）

孟艺婷（上海市建设交通工作党委办公室秘书）

张　鼎（中共上海市静安区委党史研究室综合科科员）

时　间：2015年12月18日

地　点：上海市政大厦市建交委会议室

左起：张鼎、谭企坤、金大陆、孟艺婷

谭企坤，1940 年 4 月生。1963 年参加工作。曾担任上海市城市规划设计院副院长，上海市土地管理局局长，上海市建设委员会副主任，上海地铁建设有限公司党委书记、董事长等职。1976 年赴唐山参与城市重建规划工作。

唐山大地震发生后，上海医疗队承担救死扶伤的任务，早于我们赶赴唐山。

8 月中旬，国家基本建设委员会的领导到上海来，希望上海能派出一支城市规划队伍赴唐山，帮助唐山做震后恢复的规划工作，开展建设新唐山的规划。上海城市建设局革委会接到任务后，就组织了一个 13 男 2 女共 15 人的城市规划工作队伍开赴唐山。其中，有 10 位是上海市城市规划设计院（当时叫上海城市建设局规划室）的技术人员，有 2 位来自上海市城市建设局建筑管理处，还有 3 位来自上海市政工程设计院。当时我是作为普通的技术人员去唐山的。我们的领队是孙平（后来担任市规划局副局长），副领队是周镜江。

我们 15 人在去唐山之前做了几天的准备工作，因为所有物资都要从上海带去。我们每人统一带了一个很大的布袋，里面装有被子、大衣，还有理发工具，就是准备时间长了自己动手理发，唐山的同志看到后都说我们的理发工具比他们的好呢。因为当时唐山通信中断，国家基本建设委员会的领导来的时候跟我们说，唐山处于很困难的境地，没有货币交易，实行供给制，所以我们去的时候没有带钱，只带了一些生活必需品以及开展规划工作的工具和图书。

我记得应该是8月20日左右出发的，就是大地震发生的两三个星期以后。我们一行是坐火车去的。先抵达天津市规划局，再由他们派大客车送我们到达唐山。当时路况很差，一路上花费了很长时间。到了唐山市丰南县的时候，我们的心情就变得很沉重，眼泪都快要掉下来了。因为我们看到整个丰南县城全部坍塌，只剩下一堆堆建筑垃圾堆在那里。后来我们驱车到唐山市。实际上当时唐山市也基本上没有留下什么建筑了，即使有，也只是残垣断壁。

我们被安排住在飞机场里面，那是一个小型军用机场。地震时这个飞机场之所以没出问题，是因为整个飞机场建在一个地壳板块上，不易受地震影响。当时国务院派来的工作组也住在里面。我们15人住一个大帐篷，大家都睡帆布床，中间拉一块帆布，把13个男同志和2个女同志隔开。在旁边另一个小帐篷里住着国家基本建设委员会过来的四五个人，其中就包括著名规划设计师上海人周干峙（**后为中国工程院、科学院双院士，建设部副部长**）和时任规划局局长的赵洪涛。还有其他帐篷里面住的是什么单位，我们没有接触，因此不太清楚。

我们的任务很明确，就是要把“新唐山”的总体规划做好。除了我们这支规划队伍以外，辽宁省也派来了一支规划队伍，大概也是十几个人，主要做唐山郊区煤矿的规划，和我们是兄弟单位。做“新唐山”的总体规划，从我们的专业角度说，首要条件就是要了解情况，了解唐山市的地质、矿藏、水系和历史、现状，以及规划当中需要注意的问题。于是，我们首先展开了现场调查，为期大约一个月。开始的时候条件很艰苦。飞机场里面情况还好一些，有自来水，老百姓那里基本上没有自来水。我们在现场调查的时候感触是很深的。

我们在去唐山之前，由于通信中断，现在的新名词叫"失联"，很多有亲戚在唐山的上海家属，因挂念亲戚的安危，托我们带过来信件，要找到并交给唐山这边有关人士。我们帮忙寻找，可讲心里话，根本找不到，因为当时唐山什么都没有了。

最典型的是唐山开滦煤矿医院，那是一幢八层楼的建筑，地震后就只剩下一排残壁矗立在那里。当时，一般一个单位总有一个人值班，派出所的民警就坐在废墟上办公，条件之凄惨、艰苦难以想象。我们去现场调查的时候，偶然也会碰到已经装进袋子里但还来不及清理的尸体。

唐山的特点是地下有煤矿资源。唐山分为铁路北区和铁路南区，其中，铁路南区下面有煤矿，铁路北区距离煤矿区域稍微远一点。我们为调查矿产、地貌、水的来源、电的来源，还到过一个电厂，虽然被震坏了，但还在发电。可以说，整个唐山差不多96%的房子都没有了。我们调查中间还要研究讨论道路情况、河流情况、地下有没有矿产、电力系统怎么分布等等，目的是要把唐山市的基本情况弄清楚。其实，我们不只是考察唐山市区，还要考察郊区，考察有哪些地方适合做新的建设地点。我们的调查应该说是很深入现场的，开始的时候没有车，都是走路。我们从飞机场出来大概要跑三四里路才能到市区。后来公交公司派了一名驾驶员开着一部车子过来，这样去郊区调查就比较方便了。

当时的老百姓每人每个月只供应几两油。飞机场里有三个食堂，对我们饮食上的照顾还是不错的。

经过一个多月的调查，我们就开始着手研究新唐山应该怎样规划建设。我们队伍里的技术人员是很全面的，有关于城市总体规模研究的人员；有关于工业布局研究的人员；有关于交通系统研究的人员，考虑将来铁路如何建设；有关于市政工程研究的人员，研究的问题包括防汛系统如何布置、污水如何处理；还有关于城市管理研究的人员等等。我是负责整个城市布局和人口规模规划的。

经过调查，我们提出了一些规划观点。首先，我们认为，唐山老城区还具备较好的城市发展基础，不能把老唐山全部弃用而改用新的地方。因为平地建起一个新唐山，成本高，时间长，何况老唐山有对外的铁路和公路系统，原来的基础条件相对是比较好的，只要把废墟清理完以后还是可以利用的。关键的问题是，不能够把城市建在地震带上，也不能够把地下的煤矿都压住。经过一系列的论证分析，我们认为，铁路南区距离地震震中近，地下也有煤矿资源，不适宜作为新唐山的重点来恢复建设，但是也可以在这里建一些公共绿地、仓储等人口少一些的设施。城市发展应该主要放在铁路北区。这样就是在利用老唐山的基础上再扩大一些。这就是我们提出的第一个观点，即在老唐山的基础上进行恢复重建，是完全可行的。第二，按照唐山大城市的布局，单单只有中心城市，没有郊区作为依托也不完整。我们认为，以建设老唐山为主，同时在郊区建设卫星城，比如在丰润。这个卫星城可以起到疏散唐山产业和人口的作用，为以后唐山的发展留有余地。这是我们总体规划上的第二个观点。第三，我们提出了唐山建设发展应当具备的人口规模、土地规模，应当具备各类产业和生活居住等城市组成部分。作为唐山的主要产业，煤矿产业还是应该不断发展。这方面的规划与之前讲到的辽宁省规划队伍结合起来，并由辽宁省规划队伍来负责主要规划。

事实上，当时我们提出的观点和完全另造一个“新唐山”的观点是不完全一致的。后来，我们多次汇报我们的想法，同时也不断得到国家基本建设委员会周干峙、赵洪涛的指导和帮助。清华大学吴良镛教授也对我们作了指导。我们的规划方案获得了河北省建委的同意，并上报国务院，最终获得批准。这是国家批准的第一个城市总体规划。

我们在帐篷里一直住到当年冬天。因为规划设计需要画规划图，在帐篷里面铺展不开不便操作，于是就到以前苏联专家住过的花园洋房里去画图。这里有个故事，当时号召知识分子要和工农兵相结合，开滦煤矿派了 30 多位工人来和我们相结合，所以他们经常到我们这里来。我们要到花园洋房里去画图的时候，他们很不希望我们去。他们认为，那时天天发生余震，在里面画图很不安全。但是没有办法，如果不进去，图纸摊不开就无法操作。大约花了两个多星期的时间，规划图的绘制工作差不多即将结束的时候，真的发生了一次7.3级余震，那是在一天晚上的9点50分左右，震得很厉害，台子上的所有东西都倒在地上。包括我在内的三个人就逃到外面，在花园里站也站不稳。另外一间房有三个人来不及跑，就躲在台子底下，没有从房里出来。在帐篷里的其他工作人员想到我们六个人还在花园洋房里，很担心我们的安危，他们就拼命赶过来，声嘶力竭地呼喊我们的名字。如果是在平时，怎么都不可能喊出这种声音的，非常惊恐，我们也没有力气回应他们。我们绘图纸的地方和帐篷之间有一个锅炉房烟囱，这个烟囱原本在地震的时候断成了三节，并且发生转向，当时他们看到那个烟囱被震得又转了回来，可见当时的地震强度。他们跑过来，看到我们还在，就放下心来。那时候的情景简直不可想象，太可怕了。

这期间我们还和开滦煤矿的工人一起开车去北京部委汇报过一次。汇报的时候，我们都住在国家基本建设委员会的招待所里，同去的煤矿工人不愿意住在房子里面，情愿住在车上，就是怕房子坍下来。可见经历了唐山大地震的人的心理状况，是相当紧张和敏感的。

我们在唐山工作了前后共计一百天的时间，规划设计完成后，河北省建委的领导想让我们休息几天，就安排我们住到承德避暑山庄。我们在承德住了五六个晚上，同时也换了五六个地方住。因为那时人们说承德有可能也会发生大地震。第一晚我们住在避暑山庄的平房里面，怕被压死就开始到处搬，最后一个晚上都想不到要搬到什么地方去，就是担心出事情。我们知道，地震后最容易导致死亡的情况是没有水，因此我们几个人中间就放一个装水的面盆，每个人都靠在面盆旁边睡觉，万一地震压下来，我们还有点水喝，每天晚上都是如此，很紧张。最后一天住在公路边上工人住的工棚里面，我们13个男同事挤在一个炕上，2个女同事和工地上的女工们睡在一起。那是我第一次睡炕，下面非常热，背上非常烫，但肚子是凉的。我们在唐山的一百天，主要的工作成绩，就是帮唐山做出新的城市规划方案，以后唐山城市建设就是按照这个方案来实施的。我们充分利用了老唐山的城市基础，而且留了一些发展空间，还建了一个新的卫星城。实际上，在唐山大地震20周年的时候，我应邀去看过一次，城市都是按照批准的规划方案建的。在交通上，我们把唐山的道路基本上维持了原来的规划宽度，稍有调整，主要解决一些被铁路分隔、城市交通不连通的问题。

河北省建委和唐山市的领导都认为我们的规划做得不错。当时省建委有一位姓郭的副主任评价我们的规划做得很好很实在，为帮助唐山尽快地恢复建设和发展提供了具体的指导安排。

在来到唐山之前，我们也听说了在抗震救灾中老百姓如何能吃苦，如何相互帮助抢救等等，涌现出来很多好人好事。当然也出现了一些问题，比如小偷，这也是正常的。至于当地老百姓讲到解放军，都感受很深。所有最危险的地方，最需要抢险的地方，都有解放军。地震时是夏天，人死后会很快腐烂，都是解放军在抢救处理。唐山大地震死了24万多人，还有包括手脚残废在内的重伤病人8万多人，当时抢救转运伤员大部分是通过飞机操作的。从飞机场到城里的三四里路旁，到处都是坟堆，没有工具就草草处理，还有从外地回来的家属，面对这么多的坟堆，也不知道哪个是他的亲人，十分凄惨。但是，当地老百姓真的很克制，真的化悲痛为力量，很多人都坚守在原单位里，我想只有在我们社会主义国家才能这样团结一心，共同救灾。中国人民解放军真的很了不起，抗震救灾都靠他们。看在眼里，记在心中，这对我的成长也很有帮助，这种抗震救灾如果发生在其他国家可能没有这种效果。老百姓的基本生活可以得到保障，我们的老百姓的精神面貌都是很好的，特别是在震后两个月左右，大家看到唐山钢厂恢复生产了，都非常开心。虽然从现在的角度上看，污染很严重，但是当时看到烟囱冒烟了，二氧化硫飘出来了，老百姓看到恢复了生产，就是看到了希望。

这里有一段感人至深的故事。帮助我们开车的司机是一名住在唐山郊区的公交公司驾驶员，地震后房子倒塌，有三根木头压在他身上，他慢慢地将木头移开爬了出来。出来后他首先救的是这个村庄的年轻人，然后发动救出的年轻人继续抢救别人。当然，救人是需要时间的，很可能几个小时的努力才能救出一个人。他救完年轻人以后，去救被压在房间里的祖母，但很不幸的是祖母没有生还。

后来他看到马路上有很多伤病员往郊区送，但是没有车子，都是人抬着走。他心想：我是公交公司的驾驶员，可以开车去救。因为公交公司的车都已损坏，他就跑到部队汽车连去借车。汽车连的士兵一开始不让他开，问他原因。他说："我是公交公司驾驶员，要开车救伤员。"事实上，这个部队汽车连的官兵大都在地震中牺牲了。士兵当时说："我做主了，你开车去吧！"驾驶员就开走了车，开了三天三夜，奋力抢救伤员。

后来我们住的地方进驻的队伍越来越多，有个防化连队，他们带有淋浴的设备，可以洗澡。地震后的一段日子，当地老百姓用水极度匮乏，自来水中断，救灾这几天把游泳池的水都喝完了。据我所知，上海还用万吨轮将一万吨水运往唐山。其他物资方面也有。地震时交警则是北京方面派过去的。飞机场里有自己的供水系统。我们都让那个驾驶员去洗一次澡，他身上脏得连衣服的颜色都已分辨不清，但是怎么劝说他都不肯去洗。他说："现在老百姓喝水都很困难，我洗了澡回去，如何交代？"就是这么好的一个人。

另外，我们也听到很多解放军英勇救人的事迹，这个不胜枚举。在解放军的保护下，当地的银行没有少一分钱。

原来我们的建筑楼板都是预制板，地震的时候预制板可以摔到几十米外，所以当地老百姓又把预制板称为"杀人板"。之前提到有亲戚在唐山的上海家属托我们捎信过来，我们通过很长时间才找到了这家人家，震后他们住在帐篷里面，丈夫从帐篷里出来，妻子睡在里面，因为地震时她的骨盆被压碎了。他们有一个小孩，震前一个星期来到唐山上学。地震时，预制板砸下来把小孩压死了。后来丈夫没有力气埋小孩，就在自己的房子前面草草埋葬，非常凄惨。

讲心里话，当地老百姓生活是很艰苦的，但是他们对共产党和解放军的感情真的很深。我们也很有体会。如果没有解放军的抢救，没有全国一盘棋的帮助，后果更不可想象。

因为有很密切的地缘和血缘关系，东北对唐山的帮助很大，可以说是无微不至，他们把最好的设备拿过来，最好的人才派过来，全力以赴，他们彼此之间是熟悉的，特别是同行。当时飞机场有慰问演出，观看的时候也是经常会发生地震。上海医疗队在当地建有四个医院。当地老百姓谈到上海的医院和医生的时候都纷纷跷起大拇指，评价都是很高的。我们也很有体会，当时到过几家医院，医生讲什么当地老百姓都是很听的。

我们听医生说，当地老百姓对地震非常恐惧也非常敏感，一些吊针的病人，几天不吃饭，但只要听到“地震”两个字，就会马上跑到院子里面去。我们没有体会，所以敢在房子里面画规划图，当地工人不让我们去，就怕我们出事，他们有切身的体会。

毛主席逝世和粉碎“四人帮”的时候，我们都在唐山。我们跟当地部队的领导和在北京、唐山之间来往飞行的驾驶员在一个食堂吃饭，这算是一个比较受照顾的食堂。我们接触比较多的是上海医疗队。医疗队的条件比我们艰苦，他们和当地老百姓生活在一起，与我们在机场情况完全不一样。毛主席逝世的追悼会是在飞机场里面召开的，我们上海规划队的领导也坐在主席台上，并在会上发言。

打倒“四人帮”的时候，在一起工作的部队领导起先不告诉我们这些上海人，我们都还蒙在鼓里，不知道到底发生了什么事情。直到上海卫生局打电话给在唐山的上海医疗队，是他们跑过来把这个消息告诉了我们，方才知晓。这大概是因为社会上将“四人帮”称为“上海帮”嘛，这就对我们这些上海人存在了一些误解。部队首长碰到我们说，“你们想得通吗？”还提醒我们要“转过弯来”。当时，在唐山机场也召开了粉碎“四人帮”的庆祝会，我们也参加了写大字报、写标语等活动。实际上，上海很早就开始出来游行了，揭批“四人帮”已经搞得轰轰烈烈了。

我们去唐山一百天，15 个同志没有一个人中途回来，都是勤勤恳恳地坚持工作。因为我们都是搞规划工作的，外出踏勘条件很艰苦，一开始没有汽车，马路也不通，两个女同志，一个年龄大一些（现已退休），一个年龄小一些（现在规划院工作），克服困难更多一些。我们在唐山跑的地方很多，可以讲，唐山所有地方都去过，我们起到的最大作用就是把唐山的总体规划做好，并且得到了批准。而作为个人来讲，通过参加救援唐山大地震，我对我们的国家、对共产党和解放军的感情是更深了一步。

回望唐山“上海情”
——援建唐山大地震设计人员口述

口　述　者：吕养正　陆苗元　陆金龙　孙传芬　王　时
王茂松　王振雄　张秀林　杨莲成（书面采访）

口述者家属：陈雪莉（华东院职工，王茂松爱人）　吴伟芳
吴伟巍（吴雄忠先生子女，因为身体原因吴雄忠先生未能参会，后口述回忆，由女儿吴伟芳记录整理并提供）

采　访　者：金大陆（上海社会科学院）
罗　英　张　彦（上海文化出版社）
华霞虹　董斯静　吴　皎（同济大学）
姜海纳　刘书意　张应静　孙佳爽　吴英华（华建集团华东建筑设计研究总院）

时　　　间：2019年6月18日

地　　　点：上海黄浦区汉口路151号华建集团华东建筑设计研究总院203会议室

集体访谈合影

1976 年 7 月 28 日，一场突如其来的大灾难让中国人民陷入沉痛哀悼之中。在失去亲人的痛苦中，抢救和救援工作已经陆续展开，其中，有这样一群工程设计人员，他们并没有冲锋在救死扶伤的第一线，然而，他们为重塑地震被毁的家园无私奉献着自己的力量。这是一种社会责任感，一种人性共通的自然感召。

多少年来，建筑师、工程师们一直在探讨建筑和自然之间的关系。地震将这种关系直接呈现在人们面前。建筑师们唯一的选择是和人民一起，重新建设可以抗击重度地震的房屋。在余震不断的现场为震后余生的人民重建城市、重建家庭、重建社会的基础。

1976 年 8 月始，建工部直属的北京、华东、东北、西南、西北、中南六大地区设计院共同参与唐山震后重建任务。根据建工部的分工，当时的上海工业建筑设计院（1952 年建院时，名称为“华东建筑工业部建筑设计公司”，唐山大地震时名称为“上海工业建筑设计院”，现名为“华建集团华东建筑设计研究总院”，以下简称“华东院”）接到建工部指令，承担唐山河北小区的重建工程。总计承担建筑面积 56.2 万平方米的住宅建筑、20 万平方米的工业建筑、3 万平方米的公共建筑、15 万平方米的仓库，共计建筑面积 94.2 万平方米。唐山河北小区设计主要包括河北小区（1—5 号小区）以及配套的中学、小学、幼儿园、体育场等服务设施建筑，其中 1、2、3 号小区总建筑面积约为 50 万平方米，包括 300 多栋住宅，4、5 号小区则包括了医院、电影院等公共设施。据相关人员回忆，唐山河北小区的援建设计工作，华东院前后集中组织了 3 次大型现场设计，每次派遣 16—18 人，总计近百人，包括建筑、结构、给排水、暖通、电气（强电 + 弱电）、动力等专业设计人员。

此外，他们还参与了住宅建筑设计的全国竞赛，新设计方案经全国专家认真讨论评定后获得方案评选第一名。1977 年 2 月下旬，华东院又派遣设计人员参加修复开滦煤矿机修总厂的援建设计团队。唐山河北小区设计和修复唐山开滦煤矿机修总厂设计相继在 20 世纪 80 年代建成，成果受到好评。

本次座谈口述的设计人员大部分来自华东院，他们是华东地区抗震援建设计的主要力量。当时的上海民用设计院（现名为“上海建筑设计研究院有限公司”，以下简称“上海院”）规划室的陈艾先、邢同和，同济大学建筑系的朱亚新、陈运惟，南京工学院（现名“东南大学”）的吴明伟等同志也共同参与了唐山河北小区的设计工作。上海市规划院亦有两批设计人员参加了重建唐山的设计任务。1977 年同济大学还在校长李国豪的带领下在唐山开展了桥梁抗震的科研。

1978 年 2 月，由中国建筑学会和国家建委牵头，全国 20 余家设计单位就唐山市的 4 个居住小区设计了 28 个规划方案和 86 个住宅方案。上海工业设计院、上海民用设计院和同济大学均提供了小区规划和住宅设计方案。1978 年 4 月，通过在唐山召开的学术讨论会和民主评选，河北小区的最终实施方案是在戴念慈总建筑师的主持下，将上海民用设计院、上海工业设计院、同济大学、北京市建筑设计院、清华大学和南京工学院 6 个规划方案的优点集合

唐山地震前后对比：震前

唐山地震前后对比：震后

设计人员从抗震棚现场设计点搬入经抗震加固后的第二招待所（王茂松提供）

而成。中选的各类住宅方案贡献自全国 13 家设计单位，包括上海的 3 家设计机构。

王茂松：

大地震后，党中央、国务院当即号召全国各省市紧急支援唐山人民重建家园。在余震不断、环境和空气等条件极端恶劣和污染的条件下，在上海市委市府号召下，华东院及市有关兄弟院校在震后数天内即由华东院、上海民用院规划室、上海市规划院、中南院及同济大学等派出首批专家和工程技术人员奔赴震后现场考察。华东院在院长宋华、副院长兼总建筑师赵深、副总工程师张乾源、室主任陈翠芬、业务骨干刘秋霞等人的带领下，参加唐山河北小区规划和住宅建筑设计全国竞赛，最终荣获第一名。

随即，华东院为加快设计进度，在宋华、赵深、陈翠芬等领导的带领下，以中青年工程技术人员为主体，分院内及现场两套班子齐头并进。现场小组不分昼夜，在余震不断、空气污染、环境恶劣的情况下，身居抗震棚，开展援建设计工作。现场设计人员还轮流担任烧饭等生活后勤事务。

前排左一宋华、左三陈翠芬、左四袁德清，后排右二任潮军、右三陈伟安等人在唐山援建河北小区设计时合影

唐山河北小区现场设计在重建工作前后，我院分批、多次派遣现场设计人员及现场施工管理人员前往支援，当时采取前后方边设计边施工的方式。现场设计保证不断人，图板、计算尺、算盘等工具都由设计人员亲自带往现场。铁床就是工作椅，现场没有通信工具。清晨起床就工作，直到深夜 11 点。天气寒冷，没有采暖设施，院里提供棉大衣御寒。灾后建设，现场一切就是命令。加快再加快，让灾后人民早日搬进新居。

1979 年开始，唐山河北小区逐步有当地受灾居民搬入。我们全体设计人员、施工人员于 1980 年初基本完成全部建设工作。可惜我们没有重回唐山看看新唐山，也没有留下更多的影像资料。

王振雄:

唐山大地震后，最先赶去的是医疗团队。我院的震后援建设计团队于

唐山震后废墟前合影

前排左起：当地陪同人员、张乾源、赵深、刘秋霞、朱亚新

后排左起：吴明伟、邢同和、陈艾先

唐山震后废墟前合影

左起：庄承亮（动力）、陆苗元（结构）、鹿晋威、王茂松、张秀林

1977 年接受任务开赴唐山。刚开始是为开滦煤矿恢复生产进行厂区的修复和重建，接下来的主要项目是负责大面积的住宅设计，积极参与新唐山的建设。

当时，唐山已基本夷为平地，需要相关专业人员进行重新规划，又因灾民都睡在临时搭建的抗震棚里，对住宅的需求非常紧迫。我们华东院是建工部的六大直属设计院之一，与当时的北京院最早到达唐山现场。分配给我院的任务是唐山河北小区的设计。河北小区大概有 70 万平方米，其中 1 号、2 号、3 号地块是住宅，4 号和 5 号是公共建筑。 1、 2、 3 号住宅小区约 50 多万平方米，300 多栋住宅，以四层、五层、六层建筑为主； 4、 5 号为相配套的商场、中学、小学、幼儿园、居委会及集中供暖所需的锅炉房、变配电站、通向各幢楼的管线地沟等。这是唐山大地震后第一批重建的住宅小区，面对满城的废墟和冬冷夏热的“窝棚”，我们只有一个念头，快把房子造起来，让灾民早日搬入新居。

1 号小区规模最大，也比较复杂。我是搞结构的，此为最吃力的工种。规划中一共五种类型的标准住宅，有点式的、有板式的……我们现场做集中式设计，大型的现场设计一共有 3 次，每次组织 16—18 人的团队，每次 3 个礼拜左右，包括建筑、结构、给排水、电气（强电 + 弱电）和动力 6 个工种。另外，我个人还驻场 3 次，每次大概 1 个月。那边临时有事也要赶过去，每次 1—2 个星期。我在那边一直工作到 1980 年底。

根据唐山方面的要求，为了避免或者减少地震的再次灾害，建筑结构设计不能太复杂，既要提高抗震设防的能力，又要保温性能好、施工速度快，冬季不停工。所以，我们准备了标准图纸，对建筑的结构工法采用的是内浇外挂。什么叫“内浇外挂”呢？就是墙板、楼板、隔墙、窗框和楼梯板都是在现场预制，然后用塔吊一块一块地往上接。里面的纵墙和横墙是钢筋混凝土现浇的。这样，外墙挂上去后与现浇的横墙连接成整体，住宅楼的结构便具有良好的抗震性能，施工速度也大大提高。这适合冬季施工，通过流水作业，几天就能建起一个楼层。因为唐山的冬天没法直接施工，我们当时都是用锅炉房蒸汽养护。外挂板需要保温，大概 28 厘米厚，外面 2 厘米是钢丝网细石混凝土，当中有 5 厘米的保温，再里面是 20 厘米左右的抗震墙，另加局部粉刷层。现在上海也采用这种住宅。1970 年代，北京的前三门——宣武门、崇文门、正阳门所造的高层基本都是这种结构形式。

我们在唐山碰到的最大困难是地基问题。从专业的角度讲，就是地基液化。下面是沙土，上面是黏土及粉土和地下水。地震时地面裂开沙土喷出来。曾有一张卫星拍摄的照片，证实了这种情况。小区的房子就造在这种有缝的地方，如何处理是很大的问题。我经手的一个锅炉房项目，地基挖下去还碰到了湿陷性土，即地基碰到水以后塌了，这怎么盖房子呢？现在很多学结构的年轻人，只在书本里看过，在实际项目中碰不到，大概与地震后的结构有关系。勘察报告没有说明场地有这两个问题，但规划又不能改。在现场如何处理很伤脑筋，书上讲的处理办法，现场则完全没有条件做。我只能跑去北京请教建研院地基所的专家黄光奇和王光耀。坐了五个小时的火车从唐山到北京后，对口的建工部百万庄招待所满员了，叫我跑到前门去排队，结果一排排到了天亮。这是 1978 年国庆节前夕的事。北京的晚上已经很冷，我等于在地上坐了一夜，又没带全国粮票，只好到建研院请求帮助。

还有一个情况是滑坡，1 号小区的部分住宅就在陡河边上，地震以后整个堤岸滑下去了，只能取消部分住宅。现场施工必须解决开挖地基的问题。唐山大地震死了 20 多万人，天气热部分尸体就地掩埋，根本来不及清理。所以，唐山河北小区开挖地基时，也碰到一些尸体的塑料包。尽管那个时候每周都有飞机来洒药水，场地上全是药水的味道，但因药品短缺，我们去唐山时，每人都带了许多生大蒜头，有人不喜欢吃，也得要求你必须吃一点，要增强抵抗力啊！

当时，上海到唐山的火车是当晚 10 点钟在老北站上车，第二天晚上 10 点到唐山站，整整要坐一天一夜，再自己赶去招待所。工地上也没有电话，有事只能跑到指挥部，打电话到院里请示报告。从上海打唐山的长途电话必须经室主任批准才能拨打，联络非常不方便。

陡河滑坡

1977 年，我们去的时候还有余震，我就遇到了两次。白天余震来倒还好，若是晚上的话怎么办？院里给我们每人发了两个搪瓷碗，一把调羹，睡觉的时候就把两个搪瓷碗盖起来，地震来了碗倒下来就会响。那个时候画图没有电脑，都是用丁字尺、圆规、三角板一类的工具。我们就把丁字尺挂在床上，余震一来丁字尺就会颤动，利用悬臂原理嘛。这是我们自己想出来的办法。

吴雄忠：

还有一个情况是由于当地地基液化严重，地下面是沙土，在沙土上的建筑物抗震能力很差，遇到这么强的地震随着纵向、横向的地震波，建筑物都变成了废墟，地震时地面裂开沙土喷出来。记得当时有一位做总体设计的设计师叫徐祖同，我是做建筑设计的，很多次我与徐祖同、王茂松、王振雄、陆苗元等人一起到现场，听徐总讲当地土质的特殊性。年代比较久远的沙质土形成了一种形状酷似“植物生姜”的沙土块，我们当时叫它“砂姜”，走

基础开挖后发现大面积地裂缝喷砂冒水

在现场的地面上能明显感受到有一脚高一脚低的感觉，地面是不平的，这种地基的抗震效果很差。

金大陆：

利用丁字尺的悬挑受力原理为余震预警，是专业技术人员在有限的工作条件下的智慧展现，又有趣又令人敬佩！那么，当时的工作和生活条件一定很艰苦吧？

王振雄：

我们住的地方叫做第二招待所。北京院住在第一招待所，条件比较好。第二招待所是座三层楼，墙面全开裂了，但没有倒。主要是因为房子建在山坡上，山坡下面是岩石地基。学结构的人都知道，一般房子造在岩石地基上不容易垮，此类地基自振周期比较短，地震作用比较小。我们居住在三楼，还有一层烧饭，有公用的卫生间。一个房间住 4 个人，上下铺，下铺住人，上铺放东西，没有桌子，就用废弃的木条钉起一个架子，上面放制图板。夏天很热，灾区的水、电、煤都还没通，做设计图时怕汗水把图纸弄湿了，就用毛巾垫在手臂下面。我们都是自己烧饭，用的炉子是从上海带去的火油炉，这是中国援助越南时剩下来的物品。锅碗瓢盆也是自己带的。一般早晨 5 点多钟，天还没亮，大家就起来了，轮流煮面条。当时上海每家每个月凭粮票和购粮证可以购买 10 斤卷子面，自然是全部带了来。蔬菜是当地买的菠菜和大白菜。每星期有一个晚上可以洗澡，几十个人一间澡堂。艰苦条件是现在难以想象的！

吴雄忠：

在大地震现场参加援建设计，我们的生活真艰苦。我记得带队领导是主任工程师王茂松，他为给大家改善伙食买回来瘦猪肉。为啥是瘦猪肉呢？由于当时当地震后物资跟不上，吃得最多的就是白菜，其他没有什么东西可以吃了。而茂松在为大家出去采购伙食时发现当地人特别喜欢吃肥肉，瘦肉反而不喜欢，他就二话不说买下了那些瘦肉带回驻地。当时驻地没有什么像样的做菜刀具，而我们搞设计修改图纸时需要用到的双面刀片、单面刀片正好派上用场。当时茂松、我和其他几位同事就用这简单的工具代替切菜刀将整块的瘦肉削成肉片，虽然费时又费力，但是大家伙食确实改善了，大家吃上白菜炒肉片了。

陆苗元：

1976 年 8 月底，初到大地震后的唐山，真的被大地震的破坏力震撼到了。随后的大小余震成了我和同事们交谈的热点，我们会讨论某次余震从哪个方向传来，如何有更多的预警方式，结构设计上要怎么设计才能抗灾害的发生。我们结合专业相互交流想法，倒也是一种乐趣，害怕和恐惧感不知不觉地被忽略了。

在现场设计，虽然条件艰苦，但是受到唐山抗震指挥部领导的关心和关照，让我们可以没有后顾之忧地努力工作。我们和现场施工的同志们也建立了良好的关系，每天都和施工方的总工程师沟通设计与现场施工情况，彼此配合十分融洽。施工图设计出图完成后，我们的主要设计任务基本结束，唐山抗震指挥部的领导还特意安排我们到东陵以及毛主席和林彪曾经住过的地方参观，这是对我们的支援工作表示嘉奖和感谢。

援建唐山设计师 1980 年 6 月 21 日山海关留念
后排左起：陆苗元（结构）、林鹏飞（给排水）、项鹏中（暖通）、沈讦（结构）、
陈伟安（结构）、王振雄（结构）、吴遵金（暖通）、吴雄忠（建筑）
前排左起：冯路贤（结构）、王敏刚（结构）

张秀林：

1978 年，我又跟随最后一批现场设计人员开赴唐山援建，配合唐山河北小区设计商业等配套公共建筑。当地领导非常关心我们技术人员，把我们安排在当时唐山震后为数不多的、还没有倒下的老市招待所里。从那里放眼望去，城市还是一片废墟，只有极简陋的抗震棚。同志们没有因为艰苦的工作和生活条件产生一点畏难情绪，始终坚守在工作岗位上加班加点。

我记得春节临近，所有人都没有想到回家过年的事儿，因此最后一批人连返沪的车票也买不到，大家打算从北京转车。没想到那天北京降温，风雪交加，这是我从没经历过的，更想不到院领导特批我们乘飞机回沪。我和许多人一样是第一次乘飞机，留下了特别深的印象。

援建唐山设计师 1980 年 6 月 21 日参观北戴河留念
左起为：施伟成（动力）、张秀林（建筑）、项鹏中（暖通）、吴雄忠（建筑）、
沈讦（结构）、王敏刚（结构）、陆苗元（结构）、王振雄（结构）、
吴遵金（暖通）、冯路贤（结构）、陈伟安（结构）

王振雄:

我还记得有一次唐山下了大雪，分不清东西南北，小区在哪里根本看不见。

王茂松:

那一次大雪，结构设计人员在工地开会，开完会大雪纷飞，冒着大雪我们在现场怎么回来的呢？我和其他两个人站成一条直线，最后面的人沿着直线走到第一个人的前面，然后后面的人再走到第一个人的前面，如此往复，就这样才找到回宿舍的方向。我们就像盲人那样，真的是摸索着走回来的。

陆金龙：

没错。当时什么地标也看不到，三个人排成一条直线，最后一人走到前面，后面的人来前面确定的方向也是直线。第一个人只能走到大家视线快看不到的地方停下来，也就五六米远吧。

姜海纳：

为什么参加唐山大地震援建的设计人员多来自华东院的三室呢？去现场的最多有多少次呢？

陆苗元：

我当时任我院的三室二组组长。唐山大地震后，时任院长宋华、副院长兼总建筑师赵深和副总工程师张乾源前往北京接受建设部委派支援唐山大地震的设计任务。我们的支部书记和室主任一起来找我，让我做好心理准备，院里要委派我们小组去现场参加援建设计。当时的三室二组是年轻人为主的团队，外地项目经常代表院里出差的就是我们。我当时就表态：组织需要我们去哪里，我们就去那里，能为援建唐山作出贡献是我们大家的共同心愿。组里的同事们都和我有共同的心声！

当时结构团队六七个人，建筑团队六七个人，加上动力、给排水、暖通、电气专业，也都是组长亲自带队，大家一起去现场进行唐山河北小区的设计任务。而我至今都记不清去过多少次现场了，设计交底要去，现场施工配合要去。我去得还不是最多的，王振雄当时负责项目收尾，他后来现场跑的次数更多。

王茂松：

当时我是驻唐山大地震援建现场小组的负责人，当时无法安排那么多人驻现场设计，而且给排水专业和强电专业设计任务没有结构专业和建筑专业那么重，所以我驻现场一方面负责团队的生活保障，另一方面负责给排水和强电专业的设计配合任务。

而结构设计是施工现场配合的重要工种，所以王振雄是现场设计配合时间最长的，也是去得最多的人，我们俩轮流驻扎在现场。冬天的时候唐山大雪，无法施工，王振雄恰巧赶上春节前，恶劣的天气也让铁路不通，那一年他春节没能回家，滞留在唐山的工地现场直至春节后通车。援建唐山设计时，我恰巧胃出血大病初愈，带队去唐山现场，陆金龙就一直陪在我身边看顾我，所以我去了多少次唐山，待了多久，陆金龙是和我一样的。

王时：

我去得比较晚，1975 年院里调任我去当“七二一大学”的建筑设计教师，一直到头一期结业大概两年时间。我从 1978 年的 10 月到 1979 年的 8 月参加的是唐山市河北小区配套商场的建筑设计，相当于现在的超市。当时这个项目的安排主要是在院里做设计，有问题的话再到唐山现场去。我先后去过五次，每次时间都不长。

我第一次到唐山是大地震后两年多，那个时候唐山倒塌的废墟大部分都清理完毕了，但还有部分没有清理完成的，其中有一栋就是唐山最高的宾馆，有九层楼，框架结构，从上到下整个倒塌变成一片废墟，我估计当时没有大型机械，所以没办法清理。

当时还是有余震，曾经碰到过一次 6 级余震，正好是半夜，在上海是从来没有碰到过的。当时我们住的是多层房屋，是唐山抗震指挥部的所在地，市委书记也住在里面。6 级地震感觉是什么样的呢？当时的房屋摇晃厉害，管道发出很大的声响，但震动时间不长，没有几分钟就停止了，房子是老房子，但是丝毫无损。当时我也很惊讶这个老房子怎么完好无损。这个房子曾经经历过 7. 8 级的唐山大地震，当时 96％的房屋倒塌，剩下的没有多少，而这个房子是属于那 4％里面的。唐山是有着百万人口的工业老城市，唐山大地震也可以说是解放以后最大的一次地震，也是最惨烈的一次。死伤大概 40 多万人。我院人事部的边爱云同志就是唐山人，听说她家里包括外地来的亲戚一共 21 口人，死了 12 人，情况非常惨烈。唐山大地震据日本报是 8. 1 级，美国报是 8 级，中国报是 7. 8 级。

王时：

所以说，我们住的房子连 7. 8 级地震都经历过了，6 级就算不了什么了。后来我问管理人员，为什么我们居住和办公的这栋房子可以保存得这么好，而周围的全都倒塌了？他说可能是因为基础下面的地基是一整块。唐山市的领导机关、市委领导都住在这里，当然要保证他们的安全。唐山大地震的震中就是机车车辆厂，我们也去看过的，该厂是制造修理火车车厢、汽车的地方。大地震的破坏威力是很震撼的，两米高的钢梁扭曲成团。钢都不能承受的，何况是人。楼房倒塌造成大量人员伤亡。可见提高建筑的抗震性是防止财产损失、减少伤亡率的关键所在。

在唐山大地震之后，抗震规范重新修订了，像空心板现在都禁用了。技术的进步使抗震材料的性能越来越好，我相信 1976 年惨痛的经历不会再现。

姜海纳：

唐山河北小区的住宅设计里应该没有暖通的空调设计吧？

王茂松：

我院仅负责唐山河北小区内的总体设计里的给排水、电气（强电 + 弱电）、采暖设计，到各幢楼前入户的给排水、电气和采暖管线均由当地的相关公司负责。我院负责唐山河北小区的采暖总体设计的是项鹏中，给排水总体设计是梁文耀，燃气总体是庄承亮。

王振雄：

小区冬天有集中供暖。锅炉房由动力专业设计，配套的公共建筑如商场、学校等的采暖和通风由暖通专业设计，小区夏天不设中央空调。

唐山河北小区配套商场的结构设计是我完成的，为什么那么多商场呢？1 号小区 24 万平方米分成 6 个组团，6 个居委会里面有 6 个商场，还有 3 所幼儿园、2 所小学、1 所中学。当时总体规划的 6 个组团用 6 种颜色区分。小区是要解决所有当时灾害后无家可归人的居住问题，当时唐山人有的死了丈夫、有的死了妻子，针对残缺不全的家庭，我们也考虑设计两户合并的可能性。两室户，可分可合。当时还有人托我们领养大地震后的孤儿。

华霞虹：

那么唐山河北小区建筑设计的住宅面积标准、户型标准、住宅与配套的比例是怎么确定的？

张秀林：

这些是国家定的，有几种类型。我是建筑专业的，我设计的是河北小区的商业配套项目。我那时候才 34 岁，相对大家来讲我还是蛮年轻的。做公共建筑比做住宅设计更新鲜一点，所以我还有点记忆。商场共两层，当时的商场设计没有提供我们设计任务书，我们根据总体规划来进行设计。所以，这是个系统、完整的住宅区设计，我在院里之前也没做过配套商场项目，这是我的第一个商业项目设计。

王振雄：

当时的河北小区总体规划设计，我院副院长、总建筑师赵深和主任建筑师陈翠芬参加过，北京的戴念慈、吴良镛也参加了。规划设计方案讨论是建设部组织的，规划按照苏联的设计模式。当时一个单元一般是两室户，40—50 平方米，三室户的设计占比较少。两室户的设计放到当时的上海来说也已经算是条件很好了。

华霞虹：

我们院的档案室还能找到援建唐山河北小区的设计图纸吗？

王茂松：

唐山河北 1 号小区总图我是有的，但是经过几次搬家，我 1988 年就离开华东院了，搬来搬去要找也是能找到的，就是一下子不知道放到了哪里。

华霞虹：

您说的总图是手画原稿吗？

王茂松：

是复印件。

华霞虹：

这个项目是保密的吗？

王茂松：

总图是保密的。

陆金龙：

所有的图纸都归档于院档案室，你要改图纸必须要到档案室把原来的图纸找出来才行。图纸保存十年后就退还给甲方了，如果甲方不想要的话就自己处理掉了。

王茂松：

我从华东院一室一直到三室，每个科室我都去过，养成了个“坏习惯”，就是从来不记笔记，为什么呢？因为我最初在一室，参与的都是保密工程，笔记都要求上交，上交少了一张就要检查，所以还不如不记，不记还免了受批判。人家问“为什么你不记笔记”，我说保密需要，记得住我就记，记不住我就问你们，所以一室里唯一不拿保密本的人就是我。

我从小三线到大三线，再到唐山，都习惯了，开会我很认真，能记多少记多少。临走时所有的照片我都上交了。大三线小三线连相机都带不进去的，去唐山的时候我是带的，拍完都上交了。很可惜很可惜，因为想象不到

（唐山）是震成这个样子！

陆苗元：

当时的唐山抗震指挥部对我们的设计工作非常重视，委派专人负责调来大地震的数据资料、当地沙土地貌的报告等作为指导设计的参考依据。可惜资料被我保管在大箱子里放在单位后遗失了，不然现在就能有一些当时的历史资料了，这是我觉得特别遗憾的事情。

王振雄：

据统计，我们先后派了近百人次赴唐山现场设计，三室室主任陈翠芬就前后去了 14 次。当然大部分做完现场设计就回上海了，一小部分人留下来，边设计边施工。我是留下来驻场比较多的。如果我不在，施工单位会给我来信件，协商怎么处理。

除了唐山河北小区的援建设计外，我院还承担了唐山开滦机修厂的重建设计任务。

吕养正：

1976 年年底，我院接到市里支援唐山恢复生产，抗震救灾的指示。当时我们的三室一组接到开滦煤矿机械厂工程的恢复生产的设计任务。开滦煤矿机械厂工程，设计由一机部二院总包，我院和上海院是设计分包单位。开滦煤矿机械厂工程的厂房、生活设施及理化实验楼设计由我院承担。陆钦是当时三室一组的组长，我们组是一个 33 人的大组，不少同志都参与了唐山大地震援建设计，比如陆钦、杨莲成、郑玉麟、丁毓昭、刘乾亨等，还有些同志我记不起来了，大家都积极参加唐山援建工作。除了年纪大的老同志和女同志不去外，基本都去了。

我记得我是 1977 年 8 月份去的，那时候部分结构设计已经完成。我参加了装修、理化实验室的室内防辐射、车间设备安装等现场施工配合工作。理化实验室是3—4层的砖混结构，外墙为370毫米厚墙体，楼板为预制板，圈梁加构造柱。厂房是钢屋架加木望板设计。

在唐山的古冶车站下车后，我被眼前的景象震惊了。眼前看到的只有砖砌的水塔还立着，火车站和周围的建筑全都倒了。厂区里有个震害现象引起了我的关注，三根约60米高的砖砌烟囱相距约一二百米，一根倒了，一根完好无损，还有一根上面三分之一处断了，平移半个筒径的距离，但未倒下来。我还去了唐山市区里，那里震害也十分严重，整个城市一片废墟，尤其是框架结构倒塌得特别厉害。

起先几天住在抗震棚，棚顶是稻草搭的，床上也是稻草，后来的几天住到幼儿园里，条件相对好多了。市建公司将现场配套设施建好，我们白天就在市建公司食堂吃白菜番茄汤。为预防肠胃病，我们自己带的糖醋大蒜头吃完了，就练着吃生大蒜头。

余震碰到好几次。有一次是在唐山边上的银河地区，5.5级，早晨四五点钟，床像要翻起来的感觉，心里还是蛮紧张的，我飞快跑到门口站在门框下面躲避。总之，厂里职工家里几乎没有不死人的，但他们很坚强，仍然积极工作，努力尽快恢复生产。这次唐山的经历让我十分震撼！

杨莲成：

1977年春天，距离唐山大地震差不多半年了，我们的室主任章公孚来跟我商量，院里接到援助开滦机修厂的项目，要我们去帮助重建厂房，组织队伍去现场一趟。我说这个义不容辞啊！这是抗震救灾的大事情啊！可以马上就出发啊！他说真没想到这么快就定下来了。于是，我院组织了一个班子，并准备了设计资料，开赴唐山开滦机修厂现场，参与恢复生产的现场重建设计。我主要参与了这个项目的结构设计，我院还有其他工程师也参与了。

开滦机修厂坐落在唐山郊区。到达现场一看，道路两侧堆积着好几米高的瓦砾堆，哪里还有什么房子，就是几个草棚。我们先开了一个座谈会，听取厂方负责人介绍了唐山地震的情况。根本没有预报啊！整个唐山什么准备也没有。半夜三更，突然地动山摇，数十万人真是死得冤枉。尽管废墟中仍然弥漫着腐败气味和消毒药水味，但面对这一幕，我们怎能不努力工作呢！

接着，开滦机修厂的车间负责人带我们到唐山市区实地考察，那真是满目疮痍，令人唏嘘。道路就像一条深深的窄巷子一样，两侧商店、住宅都塌下来了，到处是倒塌房屋的残砖断瓦。当时唐山的住宅，采用预制空心板的结构，看着很厚实，但上部无钢筋，上下一抖动，全部损毁，老百姓称之为“要命板”。预制的圈梁也是“绣花枕头”，耐看不耐震。带队的人指着一栋多层砖混结构的教学楼说：这栋有现浇钢筋混凝土圈梁和配有钢筋混凝土构造柱，所以没有倒塌，故称现浇圈梁为“救命圈梁”。他还说地震时，楼梯间空间刚度差，逃生时，有叠加效应，故杀伤力最大。我们看到路边有些钢筋混凝土的小柱子形状的标语宣传牌，由于牌子特重，头重脚轻经不起反复摇晃，故而桩脚的四根主筋呈灯笼形弯曲。这说明一定要防止上重下轻、本末倒置的不合理结构体系。我们还看到整排车库的相邻独立柱上的水平裂缝和震波的走势完全一致，这说明构件设计一定要全长等、刚度等、截面等配筋。同时，还要加强构造柱的设置，并合理确定抗震缝的位置、宽度等等，因为墙体内的构造柱能加强墙体的牢固度，抗震且经济实用。一些老旧的四柱八梁木结构反而倒塌甚少，因质轻且有榫卯构造节点。同时我们也看到因浅层沙土液化，倒塌厂房地面形成冒沙、水等灾情，当我们问及对煤矿巷道影响如何，厂方人士回答：地震波对深层巷道无大损害，但多数出口被堵。

一圈调研下来，给我们上了一堂现实的抗震课。尽管新的抗震规范没有出来，但我们设计人员通过实地考察，对震害的严重后果与对应措施有了底气和信心，以确定我们重建工程的设计原则。一句话——要处理，或换土，或人工地基，或箱基，或筏基……鉴于建筑物的重要性，在暂无详细地质资料的情况下，我们不得已采用了内壳筏基加强。以上所有这一切经验都体现在我们设计的蓝图中，这也使我在以后参加市重点工程扩初设计审查中拥有了发言权。

我们搞设计时余震不断，可以说是边抗震边设计。地震波来的时候，先是一个垂直震波，感觉像坐火车过铁轨接头处一样会咯噔一下。然后呢，隔了一小段时间，就来了一个水平摇晃，着实体验了一把惊险。抗震中避难救生的一个诀窍，就是当垂直震波来的时候，你千万要停止工作，选择逃生时机，然后当左右摇晃时，你就一定要躲在安全地带，比如空地、浴厕小间等空间小但牢靠的场所，千万不要为小利重返要坍塌的地方。好在我们的设计人员是在甲方安排的毛竹搭的抗震棚里工作，宿舍办公合一，一人一张双层铁皮床，上层行李，下层睡人，一张办公桌紧挨床前可绘图。工作条件虽极其艰苦，但我们夜以继日，废寝忘食，这个切身体会，终生难忘。

我负责厂内一幢重点机修实验车间的重建工作。当时抗震设计也没有现成的案例可以借鉴，我就根据观察到的现场情况，结合以往的设计经验，梳理思路，反复考量，融合厂方的实际需求，设计了一个很坚固的建筑物。其外形像个罩，类似一个大盖子，地震时绝对不会塌下来。同时，内部实验车间要轻巧，因为各种机械修理和检测都要在这里面进行。设计的目标是：外部抗震，大震绝对不倒，小震经得起摇晃，内部则要满足工艺要求。总的来讲，在没有新规范出台时，我们的设计满足了抗震的大前提，并且达到了使用的要求。对这个设计，厂方也感觉到很满意。

很高兴在庆祝新中国成立 70 周年之际能够再次回忆唐山大地震援建史实，这是意义非凡的一件大事！

华霞虹：

所有专业的设计人员都参加了现场设计吗？

孙传芬：

我们弱电专业的设计人员被院里安排留在上海配合援建设计。唐山河北小区的弱电系统主要是当时我院弱电组袁敦麟同志进行设计的。唐山大地震后，我院接到唐山河北小区的援建设计任务。该住宅小区弱电系统的设置内容，相对于我院所设计的其他大型的工业、国防、科研和公共建筑等项目，弱电系统设计的内容相对较少，仅一般的通信设施。同时，有当地的邮电管理部门根据我院弱电系统设计进行现场配置。

吴雄忠：

最后，我想提的是我们现场设计人员背后默默支持奉献的家属。当时我们一接到紧急援助任务，都来不及安排好各自的家事就马上出发了。当时我们这个岁数一般都已经成家有小孩，有的是一个，有的是两个，而且都还有70岁左右的双方父母。就拿我来说，我当时有一个7岁的儿子，一个5岁的女儿，父亲虽然早逝，但还有一个70多岁的老母亲需要照顾。我出发到唐山支援，家里的事情就全都交给了我的爱人，上有老下有小，她自己还要忙工作。为了让我放心到唐山支援建设，她虽身心疲惫却毫无怨言，独自挑起了照顾家庭的重担，让我在现场工作无后顾之忧。还有很多是夫妻两人共同参与援建的，如茂松和他的爱人陈雪莉。像我们这样的援建家庭真的有好多，现场支援的工程人员能够顺利完成援建任务，家人的付出与奉献提供了强有力的支持。

陈雪莉：

我和爱人王茂松从同济大学毕业后分配到华东院，都是华东院的职工。作为援建唐山大地震设计人员的家属之一，援建唐山大地震的现场设计任务来了，爱人说走就走，我是积极支持的。我们那时候，在思想上认为：党指向哪里，我们就奔向哪里，责无旁贷。我俩一直都是这样对待院里分配下来的工作的，二话不说。夫妻二人同时出差亦是家常便饭，从不会拿家里的困难与院领导讨价还价。

家中的两个儿子，老大由外婆帮忙带，小儿子就只能自己带。小儿子从哺乳期到小学毕业都是在华东院的环境中长大的，故同事们都称他是“小华东”。遇上我俩同时出差或驻项目现场，带着儿子出差也是迫不得已。我带上木制折叠小板凳和连环画，坐火车时孩子就坐在旁边看小人书，大人开会

唐山地震援建纪念章

时，他就坐在会议桌下的小板凳上继续看小人书。碰上孩子上学的日子，家里也没人给孩子准备午饭。我们俩用院里每人每月 3 元的车贴给儿子买了一张 6 元的公交月票（**我们自己骑自行车上下班**），每天早上 7 点出发，从上海衡山路公房（**华东院的职工宿舍**）到我院附近的泗泾路小学上课，孩子从小就学会了独立生活也是我们夫妻忙的结果。由于王茂松经常出差且驻现场的时候较多，援建唐山大地震驻现场设计只是众多出差中的一部分，时间长了儿子都不认识爸爸了，孩子躲在桌子下面，不肯出来叫一声爸爸，可想这是什么滋味！

尽管生活是苦的，但是设计师们为了工作说走就走，尤其是结构专业的同志们，结构设计的安全性尤为重要，在抗震规范还不够完善的条件下，想方设法请教老专家和老工程技术人员，责任感都极强。

我深深体会到我们的专业设计规范都是用血写出来的，我作为华东院的一分子，很荣幸成为唐山援建设计工作人员的家属。这些艰苦的生活锻炼了我，现在回想起来，收获是很多的。我很高兴有这么一次机会分享当年的苦与乐。

王振雄:

从 1977 年上半年进入唐山到 1980 年，300 多栋连成一片的住宅群建成了，由我院设计的唐山河北小区 1 号小区被评为河北省的优秀小区。虽然搞建筑走南闯北四十多年了，可惜我后来再也没去过唐山。我想现在的唐山一定是座美丽的现代化城市，若有机会，我真想再去看看！

附 录

唐山市小区规划和住宅建筑设计方案评介

张乾源　朱亚新

为落实英明领袖华主席关于建设新唐山的重要指示，在今年二月初的春节期间，中国建筑学会邀请了一些知名专家、教授和技术人员，随同国家建委的领导，到唐山参加劳动，并就唐山的城市规划和工业与民用建筑的设计问题，进行了学术讨论，提出了小区规划和住宅设计的统一技术条件，议定了征集设计方案的原则。随后，二十多个设计单位，在短短两个多月的时间里，做出了4个居住小区的28个规划方案和86个住宅设计方案，作为应征方案，参加评选。以评选这些方案为主要内容的学术讨论会，是四月六日至十一日在唐山召开的。评选会贯彻了“双百”方针，发扬了学术民主，评选出了一批较好的小区规划和住宅设计方案。现把评选出的较好方案和讨论意见，综合介绍如下。

一、小区规划方面

大家认为，小区规划是一项政治性、技术性、艺术性、综合性很强的工作，在指导思想上要贯彻社会主义建设总路线的精神，要贯彻周总理对大庆矿区建设指示的“工农结合、城乡结合、有利生产、方便生活”的原则，要贯彻“适用、经济、在可能条件下注意美观”的方针，要使各种设施布局科学合理，注意节约用地。对唐山来说，还要认真考虑抗震措施。

在这次评选中，除赵庄小区、缸窑小区和已定的丰润小区以外，着重讨论、评议了河北小区的一些规划方案，从中评出了6个较好的方案（图3、4、7、8、11、12），并在戴念慈总建筑师的主持下，吸收这6个较好方案的优点，做出了一个综合方案（图1、2）。通过讨论、评议、综合分析，大家归纳出了搞好小区规划要注意解决的几个问题。

1.道路交通系统的布置。这一方面，处理得较好的是上海市民用建筑设计院和上海工业建筑设计院的方案。大家认为：居住小区的道路可分为小区干道、支路、宅前小道三级，为保证城市主干道的车速，在区干道靠河北路的一边不应设置出入口（图9），但为方便居民生活，小区可设置供救护车出入的支路（图10）；小区主干道，应根据整个唐山市规划中的工业区与小区的相对位置、人流主要流向和通过量来设置，河北小区的小区级干道是按工人上下班的流向确定的（图5、6）；为保证小区安全和安静，可采取曲而不直、丁字形和风车形的布置方式，以避免城市过境交通车辆贯穿（图10）；支路的设置应考虑自行车是主要交通工具，把自行车环行道与各住宅群中心绿地串联起来（图2）。

2.住宅群和绿化布置。这一方面，处理得较好的是同济大学和南京工学院的河北小区规划方案(图7、12)。大家认为：规划住宅群和布置绿化，要考虑塔式吊车行驶方便，有利于机械化施工；住宅建筑的朝向，以南北朝向为宜，有的可结合地形、路形，适当南偏东或南偏西，但偏角不要超过15°，为使小区街景和道路两旁的建筑空间有所变化，应以条形建筑为主，点形建筑为辅，沿街

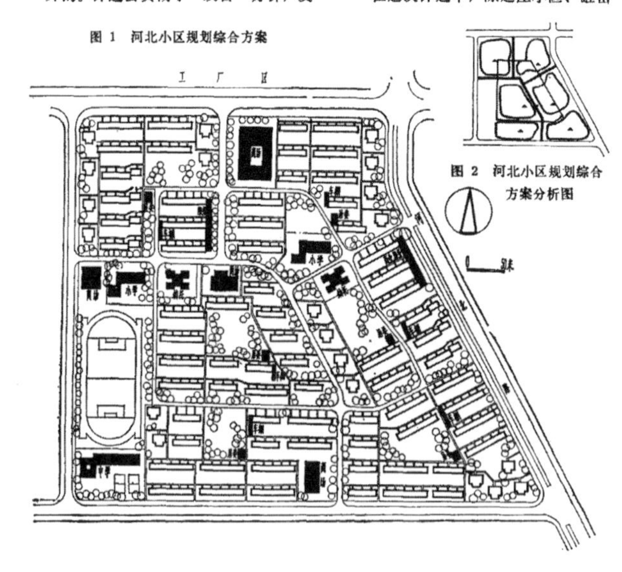

图 1　河北小区规划综合方案

图 2　河北小区规划综合方案分析图

建筑，可采取条形、点状相结合与点状、条形“穿裙子”相结合（图1）来布置；住宅建筑要成群、成组布置，成群、成组施工，施工完毕可利用中间空地作为绿化场地；建筑布置要高低搭配、前后错落、穿插绿化和围墙小品组成多样化建筑空间。

3.公共建筑物的布置。这一方面，处理得较好的是北京市建筑设计院和清华大学的河北小区规划方案。大家认为：商业网的布置，应根据小区的特点和距离市商业点远近来考虑。如增盛区的北端是市的商业点，该小区的商业网点就布置在中心地带。河北小区离市商业点较远，就布置在小区北部（图8、图11），以便上下班顺便选购和过往行人采购，油、粮等商业点可分布在各建筑群中，修配、加工服务行业，可设在小区中心部位。菜场的吞吐量和处理量较大，应布置在靠近街道的一边（图1、11）；幼托应布置在住宅群组之间，要便于上下班顺路接送，并结合绿化，小学可与幼托适当靠近，便于随带人托和上小学的两个孩子。中学应布置在小区干道的一端，可与邻区共用；体育场宜布置在小区的一角，以免嘈杂，还可供工厂或其他学校使用。

4.小区的组成。在这次提供评选的28个规划方案中，都是以居委会为中心组成建筑群的。一般以600～1,000户为一个居委会，每个住宅群内包括街道居民委员会、合作医疗站、“五七”生产组、青少年活动场所。以居委会为中心形成建筑群，适合我国的实际情况。居委会的设置，有的主张放在某幢楼房的底层，有的主张专门设置。

5.节约用地。这是一个大问题，要从探索有利于节约用地的设计方案、合理利用建筑物之间的空隙和尽量利用热电站和较大企业的蒸汽、废气等多方面考虑，采取有效措施。

6.经济技术指标。根据唐山市的经纬度、日照条件和地震烈度，通过分析、比较了几个较好的规划方案（表1），建议小区人口可按每公顷700～800人，住宅建筑面积每公顷不低于7,500平方米。

二、住宅设计方面

唐山市住宅设计任务规定有多层楼房及平房两类。由于平房住宅规定就地取材，采用当地传统建造方法，因此各应征设计单位提出的方案及评选重点都在大量性工业化施工的多层住宅。

（一）楼房住宅设计要求及评选原则

楼房住宅设计任务规定：（1）平均每户建筑面积：38～42平方米（厂矿职工标准），45～50平方米（大专院校干部标准）；（2）户室比：1室户20%，2室户60%，3室户20%；（3）使用标准：每户独用厨房（设有煤气灶），独用或合用厕所，每户设置阳台及壁橱，集中供暖；（4）层高2.8米；（5）层数4～5层为主；（6）结构抗震按8度设防，首先发展“一模三板”施工体系，即大模板现浇钢筋混凝土内墙、预制楼板、预制保温外墙板及预制内隔墙板。

评选原则：（1）符合设计任务规定的技术经济指标和技术要求；（2）抗震性能符合规范设防要求；（3）结构构件少，有利于工业化施工；（4）平面布局适用合理，外观新颖、朴素大方。

平面参数规定：开间2.40米，2.70米*，3.30米*，3.90米；进深4.50米*，4.80米。（有*者是主要参数）

对于楼梯间，大家认为在墙身减薄的条件下，开间可以采用2.40米。这样

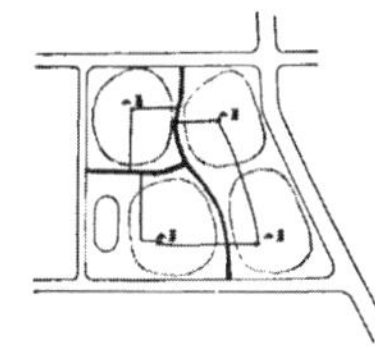

图5 上海市民用建筑设计院方案小区结构分析图

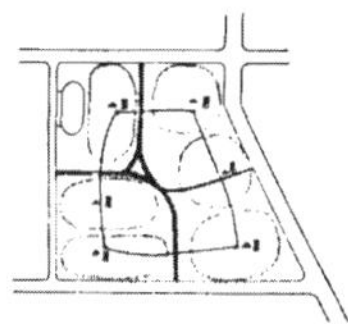

图6 上海工业建筑设计院方案小区结构分析图

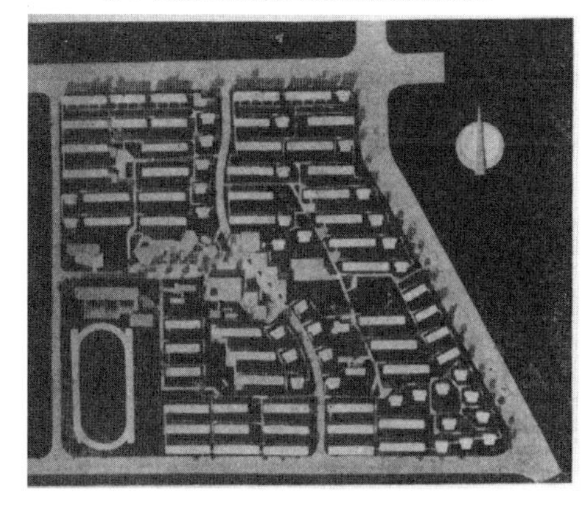

图3 河北小区规划方案（上海市民用建筑设计院）

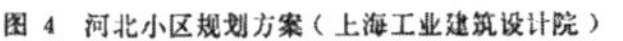

图4 河北小区规划方案（上海工业建筑设计院）

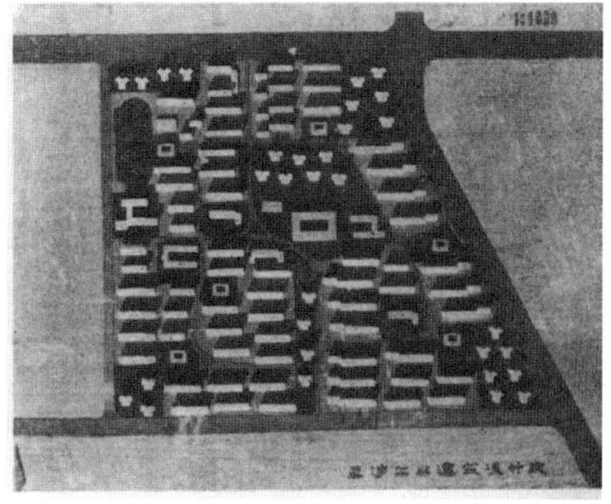

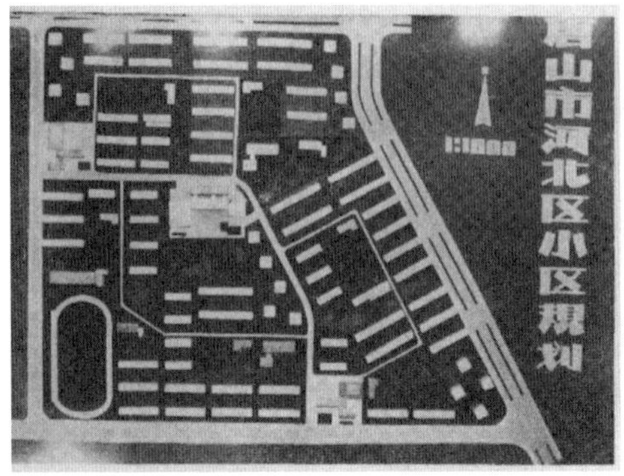

图 7　河北小区规划方案（同济大学）

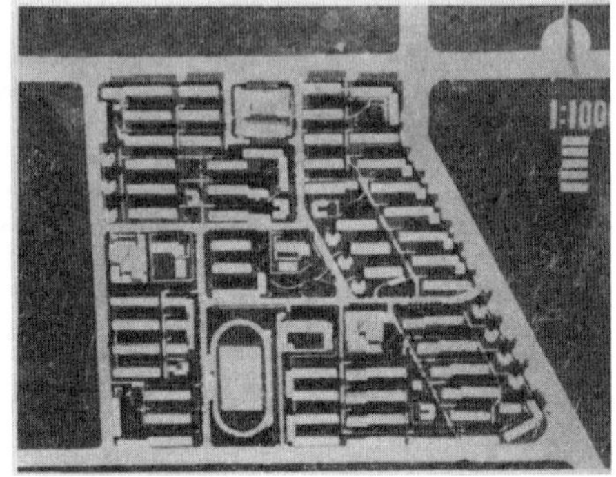

图 8　河北小区规划方案（北京市建筑设计院）

可以节约公共交通面积，增加住宅使用面积。当楼梯平台保持一定深度时可以保证自行车及家具的搬运。但也有意见认为唐山人民多数习惯居住平房，新建楼房的楼梯间以宽敞为宜，故评选时将2.40米及2.70米同时列入平面参数。

（二）设计方案的概况

各地所提出的楼房住宅方案，虽然受抗震要求及施工工业化条件的限制，但在使用功能及造型美观方面还是有所发展提高。各方案除了保证设计任务规定的各项使用要求外，都考虑每户有向阳居室，楼梯间极少占用南向开间。除了个别方案外，厕所都按独用设计。方案中居室采用套间者较少。厨房虽然设有煤气，但还是考虑北方生活习惯，面积都在3平方米以上，也极少采用通过式的厨房设计。采用小方厅的方案较多，不少方案还考虑在小方厅中安置一个临时床位的可能。有了这种小方厅，既可避免户内各部分相互穿套，又可作吃饭、会客、成年儿女分室及接待亲友临时住宿等多功能使用。大家认为这种小方厅在一室户中更属需要。有了这种小方厅，也可使一室户延长“稳定”时间。在建筑造型方面，多数方案平面平整，凹凸较少以利抗震及工业化施工。而且各方案从阳台布置和设计，楼梯间、入口、檐口、雨篷及墙角等细部处理以及饰面材料和色彩的变化等多方面

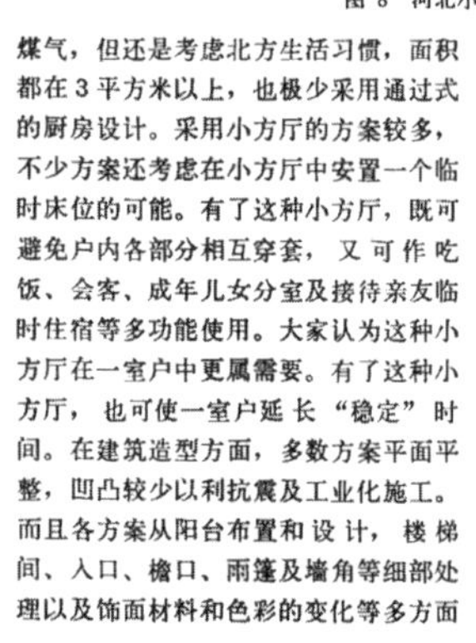

图 9　不接通城市道路的小区干道方案分析图

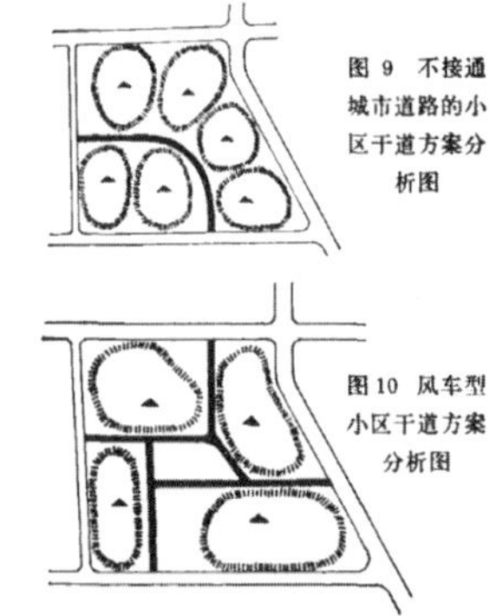

图10　风车型小区干道方案分析图

图 11　河北小区规划方案（清华大学）

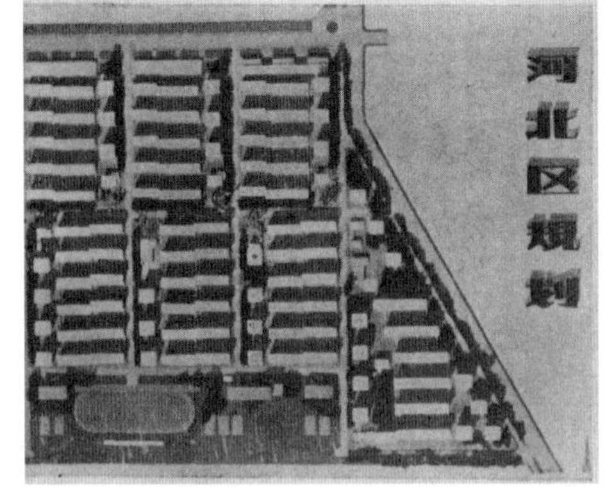

图 12　河北小区规划方案（南京工学院）

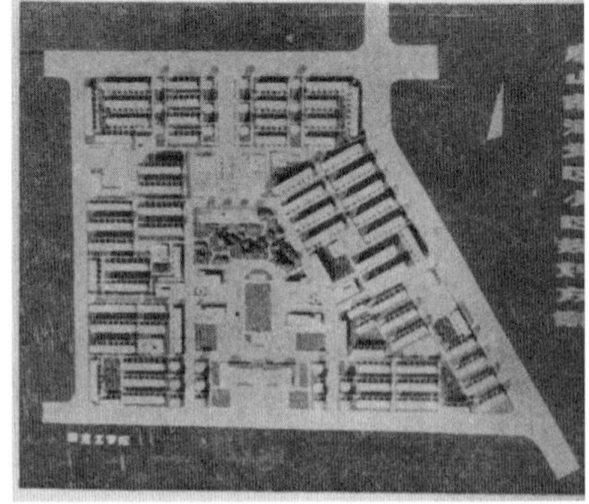

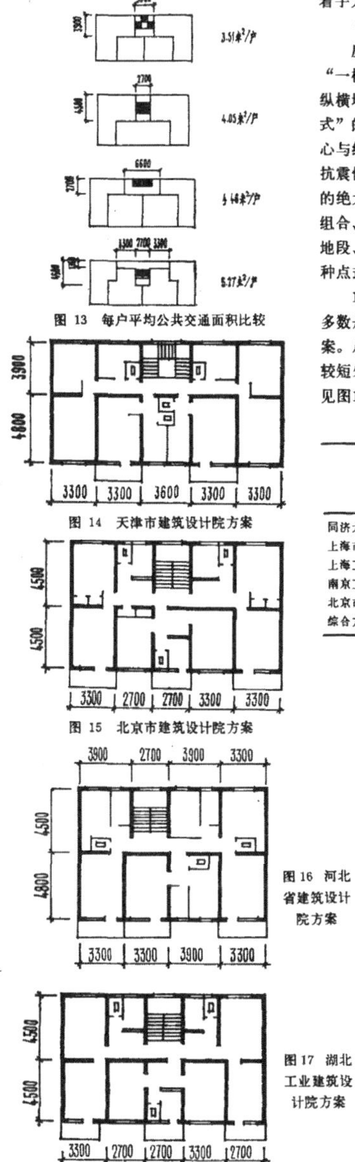

图 13　每户平均公共交通面积比较

图 14　天津市建筑设计院方案

图 15　北京市建筑设计院方案

图 16　河北省建筑设计院方案

图 17　湖北工业建筑设计院方案

着手为造型多样化作出了各种尝试。

（三）住宅平面类型

应征住宅方案由于考虑结构抗震及“一模三板”的施工条件，多数平面的纵横墙贯通，现浇的内墙多采用“鱼骨式”的剪力墙。有的方案还考虑平面形心与结构形心的重合和筒体式，以加强抗震性能。平直的条形方案占这次住宅的绝大多数。为了活跃居住小区的空间组合、丰富街景以及充分利用边角异形地段、节约用地，各地也提出了不少各种点式平面。

1.条形平面。各地提出的条形方案多数是内廊式平面，也有少数外廊式方案。从节约公共交通面积来看，内廊式较短外廊式经济。各种平面的经济比较见图13。长外廊的公共交通面积更不经济，而且户内走道或穿套面积也多。此外，北方地区外廊尚存在防风保温等问题。因此中选的9个条形方案都是内廊式的。

（1）三跑梯、梯间式方案：天津市建筑设计院中选方案（图14）采用五开间、一梯四户设计是各种平面中平均每户公共交通面积最经济的方案。但是这种方案的一室户比例太大，必须有其他方案配合才能解决户室比要求。此外，楼梯间开间3.60米不符合平面参数规定，而且三跑梯的构件及施工也比较复杂。

（2）双跑梯方案：在条形平面中，多年来在北方地区广泛建造并受住户欢迎的五开间一梯三户方案仍是这次各地所提方案中的主要类型。提出这

河北小区规划方案经济指标比较　　表 1

方　案	小区占地（公顷）	总人口	住宅总面积（米²）	户数	每户人数	住宅面积（米²）/每公顷	住宅户数/每公顷	人数/每公顷
同济大学方案	27.4	21164	190476	4258	4.67	6949	165.25	771
上海市民用建筑设计院方案	27.5	21000	210000	4200	5	7700	152	763
上海工业建筑设计院方案	27.4	21200	210000	4700	4.5	7664	171.5	775
南京工学院方案	27.0	20100	181000	4414	4.55	6703	163.5	748
北京市建筑设计院方案	27.4	21700	212000	4887	4.5	7851	179	803
综合方案	27.0	21847	209746	4855		7769	180	809

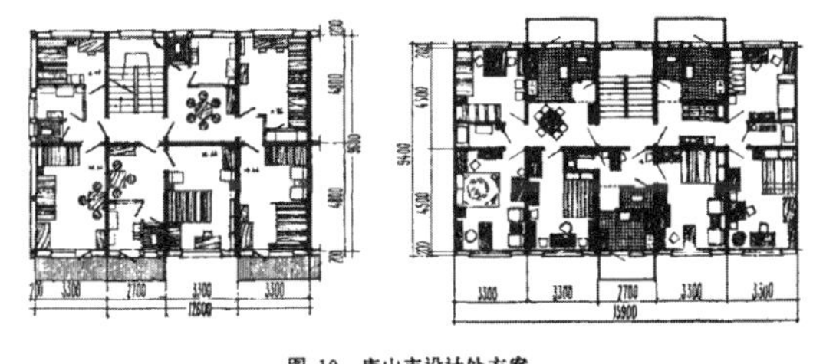
图 19　唐山市设计处方案

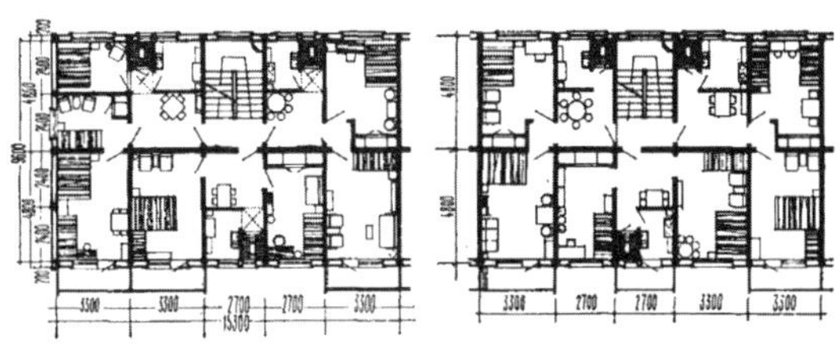
图 18　唐山市设计处方案

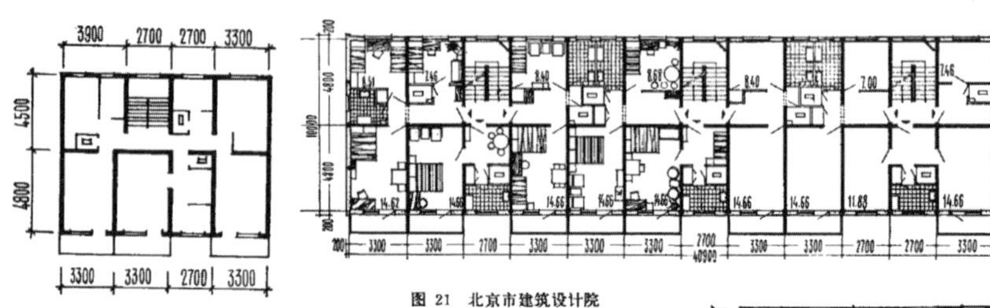

图 20 北京市建筑设计院方案

图 21 北京市建筑设计院连续式方案

种方案、处理得较好而中选的有：北京市建筑设计院方案（图15），河北省建筑设计院方案（图16），湖北工业建筑设计院方案（图17），唐山市设计处方案（图18、19），抚顺市建筑设计院方案（图22）。

这种方案之所以较受欢迎，分析其优点是，面积利用率较高，在各种平面类型中，这种方案的每户公共交通面积最经济。双跑梯的一个平台位置深入在单元平面中间，使三户入口处都在各户住宅的居中地位，这样就可通过一个多功能小方厅联系住宅各个部分，节约了户内走道。如此，在一定的面积定额下，除了公共楼梯及结构面积外，全部争取作使用面积了。这种方案只有两种开间，一种进深，因此构件规格少，有利于工业化施工。户型组合灵活，同一单元户室比可以是2-2-2或2-1-3等。

但是一梯三户住宅单元中间一户的辅助房间占用南向，以致平均每户面宽在5.10～5.30米左右，对进一步节约用地不利。在使用上，这种平面的中间一户通风问题，尚应采取措施予以解决。

另有北京市建筑设计院一梯三户、四开间方案（图20）。这个方案平面紧凑，2-2-3单元和1-2-2单元配合使用，每户建筑面积是42平方米左右，较受欢迎。但是多了一种3.90米开间。

北京市建筑设计院提出并中选的"连续式"方案（图21），打破了单元组合的常用手法，构件规格少，两种开间、一种进深，纵横墙全部贯通有利于抗震及工业化施工，由于还将两户的厨房厕所集中在一个开间中，缩小了面宽，达到4.5米/户，节约了用地，是切实可行的方案。但是这种"连续式"方案组合不够灵活。

（3）横跑梯方案：一梯四户、横跑梯方案中选的有河北省建筑设计院方案（图23）、同济大学方案（图24）、上海工业建筑设计院方案（图25）。

这种方案的优点是，平均每户建筑面积可以控制在42平方米以下，适用于唐山市厂矿职工的面积标准。利用横向楼梯间作为厨房、厕所等辅助用房的采光通风面，使南向面全部可以布置居室，也因此平均每户面宽仅4.65～4.95米，利于节约用地。户型组合灵活，仅

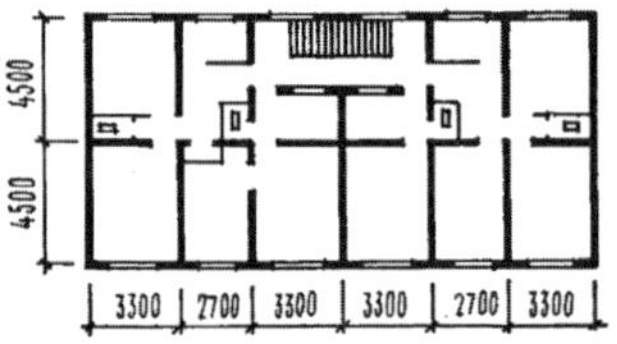

图 23 河北省建筑设计院方案

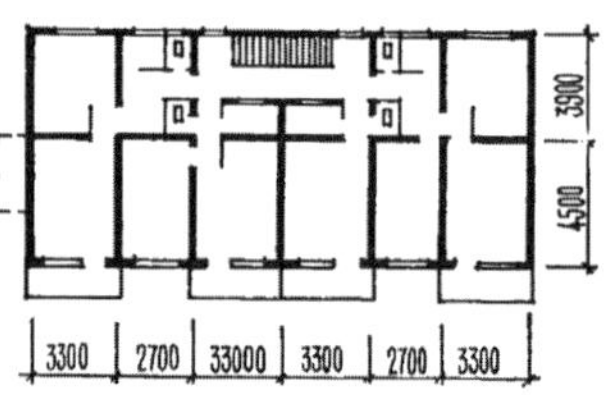

图 24 同济大学方案

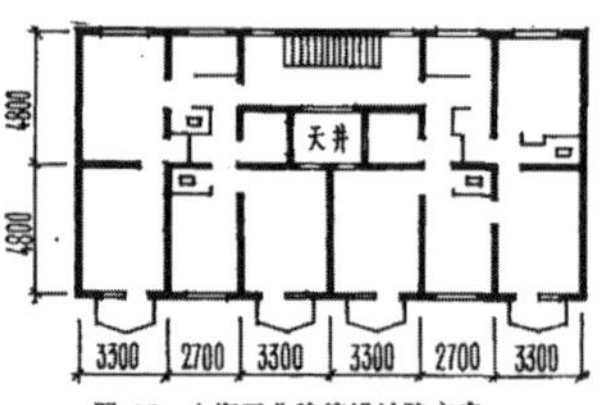

图 25 上海工业建筑设计院方案

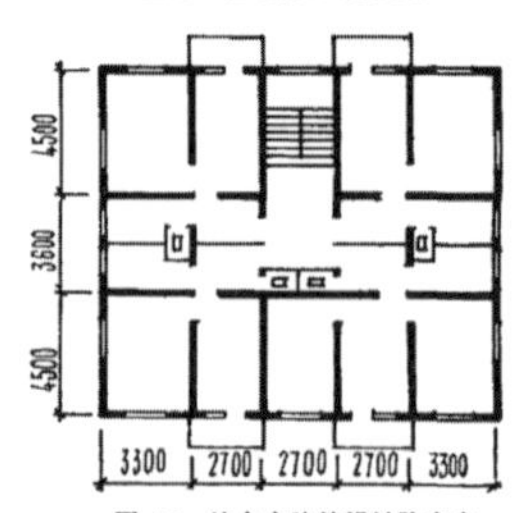

图 26 旅大市建筑设计院方案

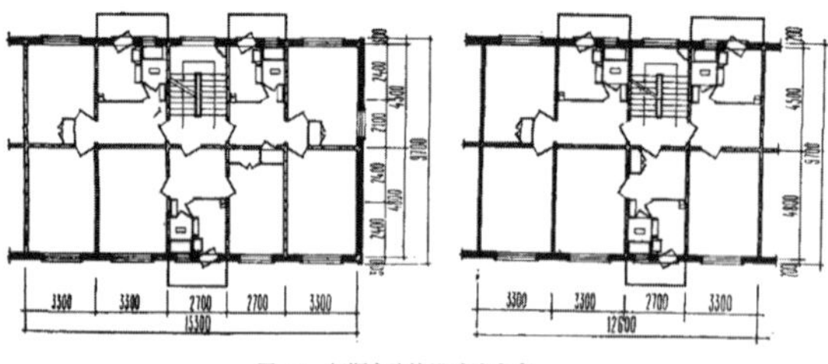

图 22 抚顺市建筑设计院方案

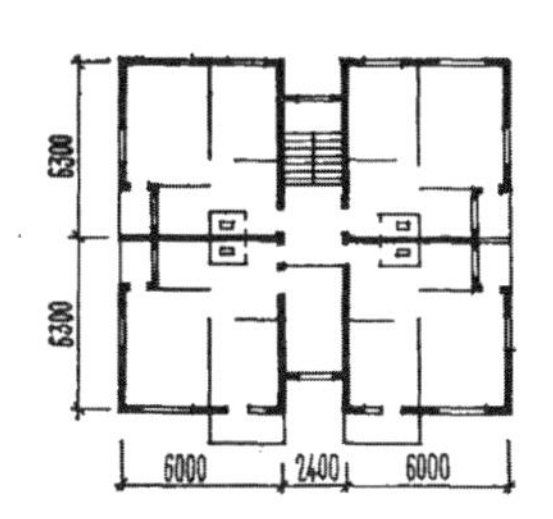

图 27 国家建委建研院方案

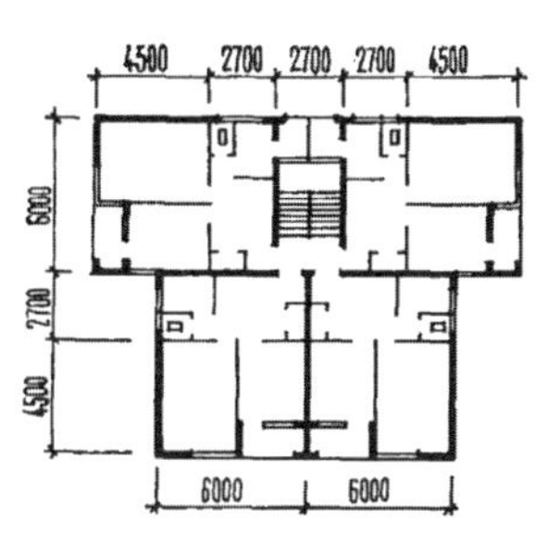

图 28 上海工业建筑设计院方案

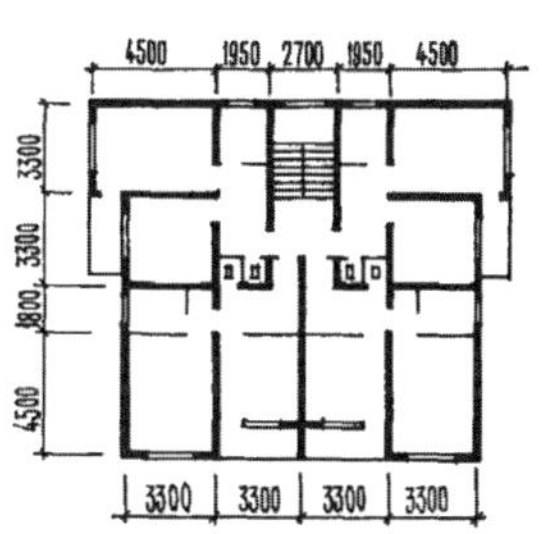

图 29 上海市民用建筑设计院方案

需用一樘门的变动，户型组合可有2-2-2-2，2-2-1-3及3-1-1-3三种变化。但是横跑梯的结构抗震以及如何减少板型规格尚待进一步研究。（4）点式平面：各地提出的点形方案有方块形、T字形、工字形、中设天井的□字形及风车形等。评选意见认为根据抗震性能及唐山地区夏天多东风及西风的自然条件，方块形平面较为合适。方块形方案中有部分住宅的居室朝东或朝西，冬天可以保证一定日照，夏天则通风较好。评选意见认为旅大市建筑设计院方案（图26）略加修改是切实可行的。其他中选的点式方案有：国家建委建研院方案（图27）、上海工业建筑设计院方案（图28）、上海市民用建筑设计院方案(图29)以及唐山市设计处、河北省建筑设计院、辽宁省建筑设计院的方案。

对于点式方案，评选意见认为构件规格较复杂，不及条形方案经济，故只能作为小区规划中的点缀和利用边角地段以节约用地。

（四）进一步发展住宅工业化的几种探索

1.大开间住宅方案：这次各地提出的住宅方案，除了根据当前“一模三板”、小开间（3.30米，2.70米）施工条件进行设计外，国家建委建研院、清华大学、上海工业建筑设计院及北京市建筑设计院等都提出了大开间（6.00米，6.30米，6.60米）的大模板住宅方案。大开间方案可以减轻墙体重量，节约钢筋混凝土，减少现浇工程量，加快施工速度，平面分隔亦可灵活，为底层设置商店创造了条件。但这种方案的分户墙往往不是承重墙，而轻质隔墙作分户墙，需做隔音处理。另外这种方案受施工起吊设备能力、大型预制板材的生产及运输等条件的限制。这次提出的大开间住宅方案每户建筑面积都偏大，户型亦不够灵活，值得作进一步的研究。国家建委建研院方案（图30）及清华大学方案研究探讨的方法值得借鉴。

2.基本平面单元设计与组合：国家建委建研院、清华大学及辽宁省建筑设计院都提出成套基本平面单元，可以灵活组合成梯间式、外廊式及点式等各种平面，可以解决住宅工业化及多样化的问题，值得在技术方面作深入的研究。

3.“成套”住宅设计，同济大学提出的“成套”住宅设计，有条形及点式二种平面，可以满足小区规划布置的需要。面积标准亦可分别适应厂矿职工及大专院校、机关干部的需要。“成套”住宅中各方案的构配件等皆通用。平面仅三个，尽量减少板型规格。由于每个平面可有二、三种不同的阳台布置方式，丰富了建筑造型，是另一种解决施工工业化及造型多样化问题的尝试。

关于平房住宅设计方案的评选。设计任务规定平房住宅每户平均建筑面积36～38平方米。户型要求有一室半及二室半二种。这次平房方案根据唐山人民生活习惯普遍设置了前庭后院。不少方案设置了矿工喜爱的热炕，有的还考虑节约用煤，采用烧饭热炕一把火的设计。这次中选的方案有河北省建筑设计院方案(图31)，辽宁省建筑设计院方案(图32)及上海市民用建筑设计院方案。

在唐山市民用建筑设计讨论会上，老一辈建筑师、工程师提出了小天井大进深方案，大开间盒式结构方案及园形方案，在节约用地，降低造价以及加强抗震性能等方面都有独到之处，为大家树立了勇于创新的榜样。

图 30 国家建委建研院方案

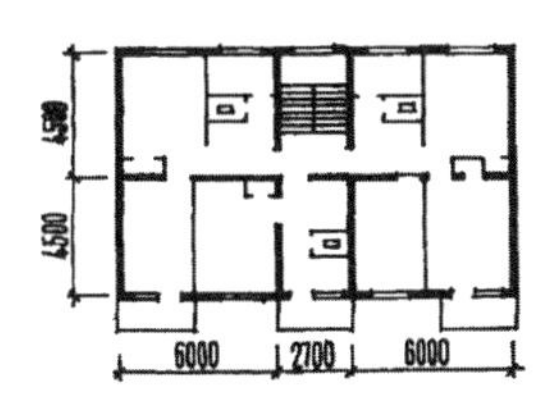

图 31 河北省建筑设计院方案

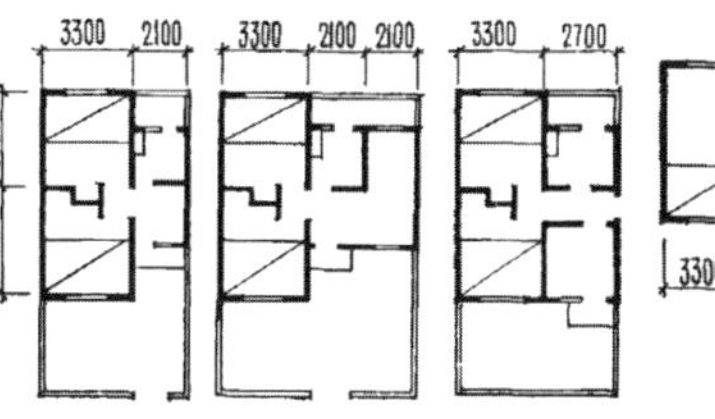

图 32 辽宁省建筑设计院方案

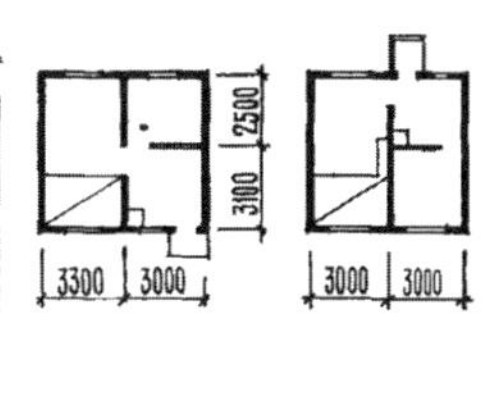

我们是人民的规划师

——邢同和口述

口述者：邢同和

采访者：金大陆（上海社会科学院历史研究所研究员）

罗　英（上海文化出版社副总编辑）

姜海纳（华建集团华东建筑设计研究总院《A+》执行总编）

时　间：2019 年 7 月 5 日

地　点：上海市石门二路 258 号华东建筑集团股份有限公司邢同和办公室

集体访谈合影

邢同和，华建集团资深总建筑师，教授级高工，一级注册建筑师，同济大学博士生导师。邢同和主持、负责设计的项目达 300 多项，被评为国家、部、市级优秀设计达 40 多项，其代表作品有：上海博物馆、上海市龙华烈士陵园、邓小平纪念馆、邓小平缅怀馆、上海宋庆龄故居纪念馆、陈云纪念馆、上海外滩风景带、苏州河改造样板段、上海国际购物中心、金茂大厦（美国 SOM 合作设计）等。

唐山大地震灾难发生后，当时的上海工业建筑设计院［现“华建集团华东建筑设计研究总院”，以下简称“华东（总）院”］和上海民用建筑设计院（现“华建集团上海建筑设计研究院有限公司”，以下简称“上海院”）的同事，参加了重建“新唐山”的规划设计工作。

当时，我们上海院先接到唐山增盛小区规划设计竞赛任务。参与设计竞赛的有来自全国各地的多家设计机构，我们做的是“上海方案”，就在上海完成，后来在评选中还获了奖。我们的设计中有一个思路挺好的，就是在满足建筑面积和容积率的情况下，尽量提供更多的公共空间。因为地震中的安全性是首要考虑的问题，所以，我们设计时把每栋住宅前后错开，这是考虑到地震灾害发生时，便于人们快速从住宅里逃生出来找到楼前的避难空地。这个设计广受好评，也让我们在之后参与河北小区的规划时，对抗震有了更加深入的思考。

后来，我们就接到参加援建唐山居住小区的规划设计任务，记得当时还是"革命委员会"时期，我们上海院是一个搞政工的干部带队，加上我和陈艾先等人赶赴唐山。报到后，就立即投入唐山居住小区建设方面的设计工作中，我被分配在河北小区总体规划组，陈艾先分到建筑的设计组，有时也来规划方案组帮忙，献计出力。因大批灾民还住在简陋的"抗震棚"中，上级要求加快速度。在现场成立的规划设计小组里，负责人是时任中央建筑工程设计院的总建筑师戴念慈（1920—1991，**建筑设计大师，1991 年当选中国科学院院士**）和清华大学的吴良镛教授（1922—，**清华大学教授，中国科学院和中**

采访中

国工程院两院院士，中国建筑学家、城乡规划学家和教育家，人居环境科学的创建者）。具体工作是：一部分人负责整体规划的总平面图设计；还有一部分人做建筑设计，即对住宅方案进行细化修改。

在戴总、吴教授的带领下，规划总平面图的设计过程，是先做总体规划设计，明确主要和次要道路的路网，明确规划的核心区；然后在道路切分的地块里分别作组团设计，比如组团内部道路的联系、组团转角处与城市道路和城市风貌的关系、空间效果等；最后将多个组团设计整合在整体的规划设计中，核算容积率、住宅户型数、住宅和公建的配比等等。形成多个方案后，再进行方案间的比较，选定满足要求且更加优化的最终方案。吴教授除了计算居住单元的户数、总人数等指标外，最主要的是确定小区规划的指标标准。

我记得河北小区的总平面规划图，是在临时搭建的类似乒乓桌的木台板上铺开进行的。户型由住宅设计组的同事们精心设计挑选出来，我们将几种户型的住宅楼按照 1000 ∶ 1 比例做成微缩的卡片。戴总将卡片摆放到组团里，并和大家一起讨论布局，他非常注意区域主干道与次干道围合的地块角部的处理，特别是哪里能退让出绿地，哪里适合设置小型的配套公建，在满足服务半径的同时，争取有更多的空间可以利用。待一个方案确定后他就对我说：“小邢，你来画一下。”我先是按卡片位置画在白报纸的总平面图内，然后描印在白脱纸上——可以晒成蓝图，并重复多份。而抗震棚中没有晒图机，要送到周边城市去晒图，因为总平面图上的具体设计，要落实可以实施的程度。

由于援建工作紧急，我们出发时只带了日常的洗漱用具，完全没有想到地震灾难如此惨烈，所以连作图的工具和彩笔都没带。上级指挥部不得不派人跑到附近的城市专门采购。比例尺、长尺等工具是买回来了，却不是一整套正规的工具，连普通的蓝图纸也没有。工作节奏本就很紧张，工具还不趁手，但是大家总是尽力克服，或许是做设计的习惯吧，工作还是很有序的。

余震时常发生，因工作和生活都在有安全保障的抗震棚里，我们也就不觉得可怕，脑海里想的都是如何把工作做得更快更好。虽然条件简陋、艰苦，因大家都凝聚着一种奉献的精神，工作的过程反而是充实和愉快的。生活很简单，饭菜是外面送进来的。指挥部对我们这些知识分子还有特殊照顾，那就是在抗震棚里安装了一个从北京运来的临时抽水马桶，大家不用去外面“蹲坑”了。晚饭后稍微休息一下，大家又继续进棚加班加点，没有一个人说要回去休息。看到现场一片废墟，我们深感肩上责任重大，没有一个人喊苦喊累，我们都觉得这是一种使命，要尽快完成任务，救援灾难中的唐山人民。

我们在工作中碰到的唐山人，几乎每家都有失去亲人的。家庭的破碎使幸存下来的人们，经过灾难洗礼，共渡难关，彼此帮助关照，有的自然而然就会重组家庭，重组家庭后，年纪轻或失去孩子的女性还可能再生育，有的则直接领养了孤儿。这在当时是很正常的事，是很让人尊敬和感动的。

人口结构发生变化，这是规划和户型设计需要面对和解决的新问题。于是，在当地干部配合下，我们展开了调研和统计。当时的房子都是国家按需分配的，房子的设计和家庭的人员比例也要匹配。我记得为此还下发了通知，请等待住房的市民以家庭为单位来登记。落实在建筑上，就要考虑一家两口加 1—2 个小孩，甚至伤残等更复杂的特殊情况。最终，河北小区以一室户和两室户为主，也有极少量的三室户。这说明规划必须参照服务人口的比例，居住区规划必须与社会以及实际的情况紧密联系。当然，我们的理念是要满足人们的基本生活所需，创造出较适宜的条件，比如独门独户的户型，尽管比较小但仍然有独立的厨房和卫生间。总之，新房不仅要保证抗震安全，也要比地震前的居住环境和居住条件好上许多。

我出生于 1939 年，1962 年从同济大学建筑系城市规划专业毕业，赴唐山救援时正当青壮年，有幸来唐山同戴总和吴教授一起工作，向他们学习，使我长进许多。我记得吴教授的笔记本是活页的，且有随手做笔记的习惯（**我学习了这个好习惯，并坚持至今**）。他每次都将计算的笔记带回去归类、整理，河北小区的计算资料和成果就是这么完成的。四十多年过去了，对两位老师的指点难以忘怀。他们是团队中经验最丰富的带头人，也很爱护青年

采访中

人，工作中时常跟我们讲为什么要这样设计，思考的过程是怎样的，是对年轻人的栽培和厚望！多年后，由于戴念慈总建筑师亲自主持过斯里兰卡国家大会堂的援外设计项目，我和团队在其他援外项目中也曾去北京向他请教。有一次，我在广西桂林做新城区的规划设计，吴良镛教授正率队在做老城区的保护。他当时要作一个学术报告，我还组织团队去听。他从城市的历史脉络分析，联系地域地貌现状，讲到保护山水环境的重要性，从宏观谈到微观，很受启发，至今印象极深。

我今年 80 岁了。作为一个上海的规划师，能够为建设“新唐山”贡献微薄之力，是我一生中最值得欣慰和自豪的回忆。

上海建工的功与痛

——严时汾、许建强口述

口述者：严时汾　许建强

采访者：金大陆（上海社会科学院历史研究所研究员）

　　　　何连成（上海建工集团党办主任、宣传处处长）

　　　　刘　超（上海建工集团党办秘书）

　　　　冯斌超（上海建工一建集团团委副书记）

　　　　李　露（上海建工机施集团党办宣传干事）

　　　　张　鼎（中共上海市静安区委党史研究室综合科科员）

　　　　王文娟（上海文化出版社编辑）

时　间：2016年3月24日

地　点：上海建工集团A座1002会议室

左起：何连成、许建强、严时汾、金大陆

严时汾，1950年6月生，中共党员，教授级高级工程师。1968年9月进入上海市机械施工公司（现上海市机械施工集团有限公司）第二施工队，后调入机施公司技术科，历任机施公司技术科科员、副科长，机施第四分公司经理，机施集团副总工程师等职务，2012年6月退休后返聘至今。1976年10月加入机施公司唐山抢险队，参与唐山开滦煤矿机械制修厂震后排险和重建工作。

许建强，1951年8月生，中共党员，高级工程师。1968年11月进入上海市第一建筑工程公司（现上海建工一建集团有限公司）107工程队，历任工人、施工员、中队长，107工程处行政副主任、生产副主任，第一工程管理部副经理，上海一建副总经理等职务。2015年4月退休返聘至今。1976年10月加入上海一建唐山抢险队，担任青年突击队队长，参与了唐山开滦煤矿机械制修厂震后排险和重建工作。

严时汾：

唐山发生大地震时，是中国最说不清楚的时候。记得最早赴唐山救援的，是解放军和医疗队。我们上海建工局机施公司是10月份去的唐山，第一批先遣队 10 月上旬就去了。我们去的目的是帮助当地进行工业厂房的排险和修建加固、重建。当时公司接到了援建任务后，向大家作了动员，原则上是自愿报名，领导批准。

我是怎么会参加援建的呢？这也是个人愿望和组织安排的不谋而合。说来也巧，今年是唐山地震 40 周年，也是我从事技术工作 40 年。我是 1976 年 5 月开始从事技术工作的，“文化大革命”期间，我们公司的管理机构是大组套小组，分成了生产组、政工组等六个大组，每个大组下面又分了几个小组，比如生产组下面就有施工组、动力组等。我当时属于施工组内的技术人员，整个组就我这么一个刚进去的年轻人，主要是承担施工技术管理工作，对口各基层单位进行工程前期的技术协调，参加设计施工“三结合”会议。承担这一项工作必须具备一定的经验积累和能力，而这正是我非常欠缺的。平时工程实践的机会不多，现在正好是个机会，可以通过赴唐山参加工程援建，在艰难的条件下，增长一些实际的技术知识和积累，我便主动报名参加了。

另外，与我同行的还有同组的一位老同志王大年，他已是一位颇有建树的资深技术人员了，许多成果都出自他和他的同事之手，如：把 2—6t 塔吊改造成 30t 塔桅起重机、上海文化广场复建工程大型网架屋面整体提升、上海青海路电视塔 156m 塔身整体起扳和 53m 天线杆整体提升等。这些项目都获得了殊荣，如：塔吊改造引起当时国家建工总局的高度重视，召开了全国性的现场会，并列入了当时建筑机械的系列，另外两个项目也分别获得了 1978 年上海市重大科技成果奖和 1978 年全国科技大会奖。王大年在去唐山前，提出要带一个助手，我就是作为他的助手跟着过去的。

公司专门建立了赴唐山工作组。工作组组长是周汉章，公司抓生产的革委会委员，相当于现在主管公司生产的副经理。工作组的其他成员，除了我和王大年，还有姜俊、樊孝云和机施一队的领导张克楚、汤士杰等。另外，机施一队先调遣了两台 15t 履带吊（**当时公司的主力设备**）和一辆 4t 交通牌卡车，还派了 102 和 105 两个起重小队和吊车、汽车司机。我们动身去唐山是在上海北站上的车，第二天早晨7点左右到达天津西站。

公司的先头部队派了卡车来接我们。那时正值粉碎“四人帮”，举国游行庆祝的时刻。从天津到唐山的路上，我还看到有一批人在游行，举着“打倒四人帮”的标语。我记得在路上还经过一座舟桥，估计是解放军为了救灾架设的。我们到达唐山时，看到的景象仍然是很惨烈的。一个街区接着一个街区的废墟、残墙断垣堆在那里。路边的空地上是临时搭建的“抗震棚”。那时的“抗震棚”只是在地面上砌段七八十厘米高的矮墙，上面支个用木条做成的简单窗户，连玻璃都没有，就是一张塑料薄膜，屋面也只是用竹片、油毡等简单覆盖。和汶川地震时用的彩钢板房没法比，这说明那时国家的救灾恢复能力有限。

当然，这次地震造成那么多人伤亡的原因是多方面的，第一跟地震的等级有关，第二跟唐山的人口密度有关，还有就是从建筑专业的角度说，还跟当时房子的建造结构有关，这种空心楼板真是“要命板”。地震时，这种楼板砸下来，在楼上面的人或许还好些，对于下面的人来说就是灭顶之灾。

我们到达唐山的时候，生活条件已经比较好了。先到的人已经建好了临时住所。因余震不断，所造的房子也考虑了抗震的要求。房屋的骨架是轻钢结构的，屋面是三角顶的轻质石棉瓦，墙面是里外两层纤维板，既抗震又保温。宿舍兼办公室是四人一个房间，两边两个双人铺。出于防地震的安全考虑，双人铺下面睡人，上面不睡人，把比较小的行李放在上铺，带去的木箱当做床头柜和办公桌。据我们了解，先到的一批人连这种房子都没有，都是住在帐篷里。

在唐山的工作是比较艰苦的。我的想法比较简单，也没多带什么东西。冬天的唐山确实天寒地冻，我在上海是从不穿棉袄棉裤的，记得唐山刚转冷时，我就穿了一条线裤，再套上工作服到工地去，马上就感觉膝盖被冻得隐隐作痛，只得回宿舍老老实实把发的棉袄棉裤穿上了。穿一条棉裤的耐寒能力确实比穿两三条羊毛裤都强。这种棉裤在上海劳防用品中是没有的，是专门为到唐山去发的。

吃的方面我只是多带了点大蒜头，主要是为了杀菌，增强抵抗力，还带了几瓶辣酱和两条咸鱼，是对付吃粗粮的。我们去的时候，食堂已经建起来了，但供应的东西十分有限，每天每顿几乎就是白菜，一个星期偶尔有一次猪头肉，那就必须早点去，晚些可能就没有了。我去的时候饭量是三两米饭，到了唐山以后饭量噌噌直升，不久连半斤下肚一会儿就觉得肚子饿。个中的原因一是副食品确实比较少，另一个原因是人体的饥饿指数也伴随着期望值和劳动强度的增加在增长。当然，这段时间是短暂的，大概到唐山的一个多月之后，总包一公司想了很多办法，利用装运工具、材料的卡车顺便从上海带来了很多副食品，条件就改善了。

我这个人比较内向，不大善于跟别人交流，所以接触当地人不多。我们的党支部副书记及几个老同志，跟当地的工人和干部交流比较多。条件虽然艰苦，我们有时也邀请他们到宿舍喝喝酒、聚聚会，用自己从上海带过来的东西招待他们。有时我们在工作或者生活中有不便的地方，他们也是非常热情地提供帮助。

我们援建的项目是开滦煤矿机械制修厂，距离唐山市中心大约一二十公里的路程，地震破坏程度也是比较严重的。我们的生活区就在这个工厂的围墙外。到达后我们先到厂里逛了一圈，有的厂房外观还看不出有什么大的破坏，有的厂房已成了残墙断垣。

我们的主要任务是两条：第一是拆除排险，第二是修建、重建和新建。所谓排险，就是把地震中遭到破坏的厂房未完全倒塌的部分进行拆除，这是一项十分危险的工作。地震中，这个工厂的很多厂房遭到了破坏而并未完全倒塌，有的屋面坍塌了一大块，损坏的构件还半悬在空中，有的墙面已倒塌了一半，留下的也是摇摇欲坠，满布裂缝、裂口，拆除工作充满了不可预见性和极大风险。

面对这样复杂的工作，在公司工作组领导的组织下，工程技术人员和工人老师傅群策群力，针对不同的单体，采取不同的拆除方案，并因地制宜地做了一些专用的工具。我印象比较深刻的是，当时在王大年的指导下，我们设计制作了专门用于拆墙的“拉墙器”。这种“拉墙器”有一个很深很坚固的开口，拆墙时，把“拉墙器”的开口从墙顶插入，开动吊车拽拉预先固定在“拉墙器”一边的钢丝绳，“轰隆”一声就可以拉倒一大片墙体，工人不用上去挂钩操作，既高效又安全。对于那些不能用“拉墙器”拆除的残墙，就采用“锤击法”。吊车拎着重锤，挥舞巨臂锤击残墙。拆墙还不是最危险的活儿，更危险的是，拆除受损的屋面结构。拆除受损的屋面像动大手术，先要对它进行“体检”，检查其存在的隐患，排除那些悬挂在空中的构件。即便如此，拆除的作业条件也十分复杂。吊车在布满设备的厂房里，如“穿弄堂”地行走，拆下的构件如屋架，无法就地破碎，只能拎着整榀屋架，经过“万水千山”拿到厂房外破碎。

我们的工作主要分为两个时期，以春节为界限。春节前约有三个月的时间，我们的主要任务是排险，拆除破损的厂房。只有金工车间的厂房，是在第二年的5月份拆除的。就是在这一时期，我们在拆金工车间的过程中，发生了一件不幸的事情。从外观上看，这个全部混凝土结构的车间损坏得并不严重。这一天，在拆一块屋面板时，上面一共四个人，每个人负责挂一个点的钩，其中一个人指挥。就在人刚踏上去的时候，这块屋面板“啪”的一声就从中间断裂开了。指挥者的身体重心在里面，他把脚一收，没有掉下来。其他三个人正在挂钩，重心是朝外的，就跟着屋面板一起掉落下来了。这三个人中，伤势相对最轻的是孙冬林，也是叫得最响的，当时他的脾脏大出血，马上被送往医院诊治，把脾脏拿掉了。有一个同事韦修林，掉下来后休克，颈椎压缩型骨折，那时镇上有一家抗震医院，是上海岳阳医院派出的医疗队组建的。韦修林在这个医院里住了半个多月，一个星期处于不省人事的状态，不断地说胡话，头上被打上了两个洞，配了支架牵引，伤情稳定后，送回上海继续治疗。最悲惨的是，掉下去的小青年朱国富，当时的年纪不过十八九岁，大概是第一年进公司。他摔下来的时候，下面正是一个钳工平台（钳工师傅在上面划线作业的钢平台），人掉下来就没有声息了（哽咽）。（据机施集团人事档案查询，牺牲在唐山援建一线的朱国富同志生于1957年9

月，于 1976 年 4 月学校毕业进入机施公司工作，去世时不满 20 岁。其人事档案上写有“1977. 5. 16 工伤身亡”。）

唐山地震中，被毁坏的动力车间厂房，图即小青年朱国富牺牲处

其实上去的四个人中，本可能应算我一个的。因为在那里做施工技术准备，工作量不是太大，我有空余的时间，经常到 102 小队劳动，高空作业的四个人中经常有我一个。那天我正好到唐山市中心办事不在现场，小队里上高空就少了一个人，这个小同志自告奋勇地说：“我上去吧！”所以从这个角度也可以说，他是顶替我的呵，每当想起内心感觉十分酸楚（**哽咽**）。在这之前春节期间我们回了上海一趟，唐山工地的临时团支部书记杨怡林和我去做家访，也去了他的家。他父亲年纪已很大了，估计是老来得子。不知他的离去会给老人家带来多么巨大的伤痛。他牺牲后，工地上为他做了个木盒子，当晚把他的遗体运回了上海。这件事情，特别是对我来说，确实是刻骨铭心的（**哽咽**）。

我们的第二项任务是修建新建厂房。新建厂房包括两部分：一部分是老的厂房，要把上面的盖子拿掉，重新加固建造。另外一种就是在平地建新厂房。根据抗震的要求，重建、新建厂房的屋面都改成了轻钢结构的了。钢屋架、钢支撑、钢檩条和木板油毡石棉瓦的屋面。我们给这个厂建造了好多个车间，还帮他们盖了一些如幼儿园一类的生活设施。造新房子就“按部就班”。做结构吊装的施工组织设计的“重头戏”是与土建单位结合，画现场预制构件的平面布置图。上面说到的那个幼儿园共两层，为了保障儿童的安全，按抗震要求，采用的是预制装配现浇节点的框架结构。这个工程现场预制的构件主要是一层一节的混凝土柱，构件数量不太多，现场地方也比较大，平面布置难度并不大。但我当时是第一次做施工平面布置图，因此比较认真的，在图纸上一笔一笔地画柱子，进行平面布置。一公司107队的主任工程师，一个“老法师”级的人物，看见了打趣地跟我说：“小严，这些构件随便怎么放都是没问题的，你画得这么认真干吗？”其实就是这些有限的工程实践，使我有了对结构吊装专业最初的认知和积累。现在我可能也是年轻人眼中的“老法师”了，如果没有当年唐山的工作实践，没有一点一滴的积累，可能也不会是现在这样。

其实，每个参加唐山援建的单位派出的都是“精兵强将”。这些厂房是机电设计院负责设计的。机电设计院是一家颇有实力的设计院，曾负责上海闵行工业区大部分厂房的设计，闵行的“四大金刚”：上海重型机器厂、上海电机厂、上海汽轮机厂和上海锅炉厂，“七二八”工程秦山核电站配套工程建造的重型厂房等，就是由他们设计的。其实从规模来说，机电设计院在唐山承担的任务并不是一个大工程，但他们对唐山地震的灾后救助非常重视，也精挑细选派出了两名很资深的结构工程师赶赴唐山，他们一个叫张连生，一个叫曹国雄。当时国内的设计院是结构工程师一统天下的局面，他们俩也是在行业里面说话很有分量的。

我对土建公司的印象比较深刻，一个是当时一公司的工作组组长施少康，也是抓生产的革委会委员。他的职业生涯从混凝土工开始，到后来走上了领导岗位。另一个接触比较多的是计划员钱培（**后来曾是一、二公司的经**

理和上海建工的副总裁）。他们两个人经常来我们宿舍，坐在一起商量工程的事。

春节过后，我们就开始启动新建工程。北方冬天日短夜长、夏天日长夜短的现象比上海更明显。为了加快进度，我们常常是白天干自己专业的工作，进行厂房结构的吊装，晚上趁天黑以前又义务加班，为土建单位吊运木板、油毡等屋面铺设用的材料。一切都是出于自愿，一切都是心甘情愿，为的是唐山重建和与家人的早日团聚。

我大概是第二年的 6 月中旬回上海的，在唐山共待了近八个月。“四人帮”粉碎以后，上海公司的生产活动逐渐走上正轨，领导点将要周汉章、王大年回上海，作为王大年的助手，我也就跟着提早回到了上海。

许建强：

严总（**严时汾**）他们机施公司条件好，属于机械化部队。我们上海建工土建公司等于步兵。他们去的人不多，估计只有 50 多人，我们去了整整两个工程队，加起来有一千多人呢。

我们工程队去唐山很简单，好像没怎么动员。因为我们队伍的性质本身就是流动的，常年在全国各地跑，“文革”时期就参与“小三线”“大三线”的建设。所以，唐山发生地震了，单位就是通知让你去，根本也没有什么讨价还价的事。当时我女儿只有两三个月大，这也不能当作不去的借口，是必须去的。当然，实在是有非常特殊困难的，经过领导批准，才可以留下来。

当时是计划经济体制，也不存在“合同违约”之类的情况。上面来了命令，我们正在浙江的工程盖了一半就全部停工了，当时我们这个系统还停了很大一批的工程呢！总之就是急国家之所急，全力以赴支援唐山！

我们坐的是 14 次特快列车。傍晚上车，第二天早晨到达天津。当时已是 10 月份，天气很凉了。随后我们继续乘火车往唐山。我们土建公司也是小部队先去，他们比较辛苦，先住临时的帐篷，以最快的速度把住房搭建起来。北方的房子和南方不一样，它里面全部都是通暖气的，唐山最冷的温度要零下二十几度呢。房子搭建起来以后条件还是可以的，浴室、食堂之类的硬件都有了。

在开滦机修厂的重建工作真是很艰苦，地震后有些厂房虽然没有坍塌，但主要支撑的柱子根部已发生移位，把它恢复到原位是不可能了，只能在原来的地方重新做个基础，然后由上海机施公司去排险。当时条件不是很好，挖土都是靠人工的，因为天冷，是冻土就得先烧柴火，烧融一批挖掉一批。根据北方人的习惯，冬天一般都不干室外的活了，我们不能不干，有任务就得赶紧安排，任务下达后就得拼命干，只有干完了才能早点回来。那时候都是用汽车搬运柴火，早上第一件事就是把柴火集中起来烧，把冻土融化掉后就一点点挖下去，天寒地冻，上海去的工人们很不容易的。

刚到唐山的时候生活也很不习惯，卫生环境很差，不知道是水土不服，还是吃了什么东西，整个工地几百号人拉肚子，然后都去吊盐水，都到医院已经不可能了，医生就直接到宿舍里为工人们吊盐水。他们（严时汾等）春节还回上海了，我们都没有回去，工作目标也很明确。那时候没有农民工或者外包工，全部都是自己公司的职工。晚上大家不用动员，都主动去加班，大家认为这些都是自己分内的事，一定要抓紧时间完成。各班组回去也是有先有后的，谁先做好谁先回来，所以没有人落在后面。同时大家也不讲报酬，反正一天补贴一角七分，加班了就是两角七分吃夜餐，什么调休、加班工资都没有的。吃的东西全部是上海运过去的，一点咸肉、一点米，当地早上是吃窝头的，还有大白菜，整个冬季都是吃这些东西，第二年开春的时候才有了改善。

我们工业救助唐山，做排险、修复工程，大部分都是靠人力的，不像后来援助汶川地震时，推土机、挖土机等大型机械都用上了。其实，我们国家运用大型机械设备进行工程建设，是从宝钢开始的。从这个意义上说，宝钢建设是中国建筑发展史上的一块里程碑，无论是设备上还是技术上，都往前跨了一大步。

非常可惜的是，我们工程队在救援唐山的工作中，还牺牲了一个木工。

他是个年轻人。

附：孙冬林口述

口述者：孙冬林（上海建工机施集团职工，曾任上海中心大厦钢结构工程项目副经理，现退休）

采访者：李　露（上海建工机施集团党委工作部宣传干事）

时　间：2016年3月24日

地　点：上海建工集团有限公司

1976年10月初，我是上海机施公司第一批去唐山的。参加援建是我主动提出要去的，主要原因，一是想了解唐山灾后的情况，二是我当时担任团小组组长，各方面要求进步，当然带头报名。那年我27岁，第一批属于先遣队共十来人，先坐火车抵达天津，再坐卡车前往开滦煤矿厂下属的修配厂，执行抢险任务。我们机施公司的主要任务是危楼的拆除，以及两个厂房的重建。

到唐山后真是震撼，一座城市夷为平地。我们工地后面都是坟头，有个老奶奶，一直在那里哭，她的全家都死了，只剩她孤苦伶仃的一个人了。但是唐山活下来的年轻人还比较乐观，包括我们援建的修配厂的年轻工人们，常把自己的东西拿来和我们共享，他们都对今后的生活抱有希望。我们在唐山的日子也充满了年轻人的朝气，我们成立了团小组，关系很融洽，上班有干劲，不讲究利益，不讲究金钱。唐山的冬天非常冷，积雪不化，我们年轻人就主动负责扫雪，包括去危楼楼顶扫雪，把雪扫掉再开工。

下面讲讲我们工业救援队出事故的不幸事，那天是1977年5月16日，这个日子是我们的痛。

其实，春节前拆除工作都已基本完成了，这已是最后一个要拆除的厂房了。节后的主要工作就是重建。当时，大家一直在犹豫这个旧楼要不要拆，然后商量决定还是要拆掉它。结果就出事了，出事的时间是上午9点。

这是一个单层厂房，也是最后一块屋面板了。当时，我们有四个人站在屋面的四个角挂钩，结果楼板突然就掉下来了。有一个人反应快收住了脚。摔下来的三个人是：我、韦修林和朱国富。

我摔下来后很痛，一直在叫喊，现场的医务人员首先就把我送去了附近的医院。我到了医院后就昏迷了，等我醒来已经是下午6点多。医生摘除了我破裂的脾脏，另外我的左手左腿全部摔断。脾脏是人体的“血库”嘛，生产红血球的，所以没了脾脏我体内白血球一直很高，但我觉得没什么问题。倒是当时左手左腿骨折之后，现在一直会隐隐地有些不舒服。

韦修林始终昏迷，后来请来了上海华山医院在唐山救援的医生。我记得是华山医院神经科主任开的药，但进口药很贵，后经河北省卫生厅革委会同意，才使用上的。韦修林昏迷了十几天，一直说胡话，用药之后开始恢复。我和韦修林在唐山的医院里住了一段时间后，就回上海继续治疗。回来时是坐领导人才有资格坐的火车包厢，并且有医生陪同着。

朱国富很不幸，摔下来后两小时就去世了。他是个新职工，摔下来后没有什么外出血，当时的医疗条件也没有办法立刻做出有效的治疗，真是很不幸。“为有牺牲多壮志”，今年是唐山大地震40周年，也是我们工业援助唐山40周年，我们为朱国富同志的不幸，深感悲伤和惋惜。

为了建设“新唐山”（上）

——高忠兴、汪荣义、杜爱国口述

口述者：高忠兴　汪荣义　杜爱国

采访者：金大陆（上海社会科学院历史研究所研究员）

　　　　罗　英（上海文化出版社副总编辑）

　　　　谢　笛（宝钢集团上海五钢公司党群办副主任）

　　　　张　鼎（中共上海市静安区委党史研究室综合科科员）

时　间：2016年5月5日、18日

地　点：宝钢集团上海五钢公司310会议室、杜爱国家中

杜爱国

高忠兴

汪荣义

高忠兴，1948年8月生。1968年11月进入上海第五钢铁厂（现宝钢集团上海五钢公司）工作。1976年12月至1977年6月，作为第一批上海冶金工业局支唐队队员，参与了唐山大地震后唐钢第一炼钢厂机械设备维修工作。

汪荣义，1950年6月生，中共党员。1968年9月进入上海第五钢铁厂工作。1976年12月至1977年6月，作为第一批上海冶金工业局支唐队队员，负责支唐队后勤保障工作。

杜爱国，1940年5月生，中共党员。1958年进入上海第五钢铁厂工作，曾担任转炉车间团总支书记、检修工段副工长、技术攻关组组长等职务。2000年退休。1976年12月至1977年6月，担任上海冶金工业局支唐队上钢五厂领队，参与了唐山大地震后唐钢第一炼钢厂机械设备维修工作。

杜爱国：

唐山大地震发生后，当地断水、断电，工业停产。我们负责援助的对象是唐钢第一炼钢厂。该厂设备为6吨转炉，因在地震中破坏严重，加之该厂人员伤亡惨重，难以继续生产。上海冶金工业局专门组织上钢一、三、五厂和上海机修总厂的工作人员赴唐山，帮助唐钢恢复生产。

当时，我在上钢五厂转炉车间担任检修工段副工长，具体负责设备检修。我是自愿报名参加支唐队的，时年38岁，已是两个孩子的父亲。家属还是很支持的。其实，在组建第一批支唐队之前，我已随厂革委会领导去唐山两天，主要跟唐钢方面协商，上海方面应该派出哪些工种，支援哪些设备工具等。

高忠兴：

唐山大地震发生不久，我们上钢五厂团委就组织年轻人到上海铁路南站，任务是搬运橡胶，迅速腾空车厢抢运支援唐山的救灾物资。那天天气很热，我们干劲很足，上去不一会儿，衣服就全被汗水打湿了。我们五钢对唐钢恢复生产是非常支持的，曾在最短时间内，用飞机将唐钢缺少的仪器设备运送过去。

之后，上海冶金局组织工业支唐队，动员上钢一、三、五厂派人参加。我是轧钢车间搞机修的，年纪轻，要求上进，第一个写了决心书。我母亲一听就担心，怕那里余震不断有危险，后在我的坚持下也就同意了。领导也说把这次任务当成是组织的考验吧。

汪荣义：

1976 年 8 月我刚刚入党，当时是没有预备期的，所以是一名新党员。厂

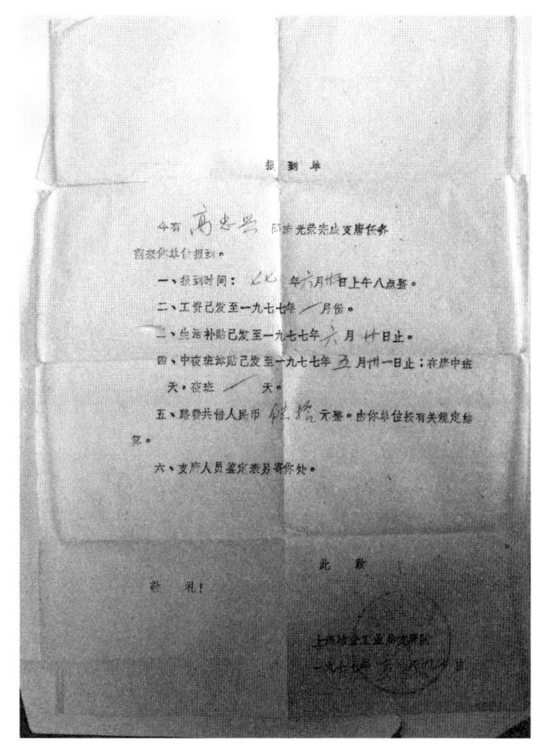

报到单

今有 高忠兴 同志光荣完成支唐任务

前来你单位报到。

一、报到时间：七七 年六月[illegible]日上午八点整。

二、工资已发至一九七七年 / 月份。

三、生活补贴已发至一九七七年六月廿日止。

四、中夜班津贴已发至一九七七年五月卅一日止；在唐中班 天，夜班 / 天。

五、路费共借人民币 [illegible] 元整。由你单位按有关规定结算。

六、支唐人员鉴定表另寄你处。

此致

敬礼！

上海冶金工业局支唐队

一九七七年 [illegible]

完成支唐任务后，高忠兴回上海原单位的报到单

里组建支唐队的时候，大概是在一个上早班的时候， 书记跟我说有一项支援唐钢的任务，我就写了决心书积极报名了。

我们五厂支唐队的领队是四车间机修工段的工长杜爱国，整个冶金工业局支唐队的领导是上钢一厂机动车间的总支书记，叫熊振东，后来担任上钢一厂的副厂长。

杜爱国：

在我的记忆中，上钢五厂一共去了48个人，其中转炉车间有8人。上钢一厂去了43个人，三厂、机修总厂等加起来去了100多人。上海冶金工业局支唐队成立了党支部，我是副书记。

高忠兴：

上钢五厂支唐队有钳工、焊工、仪表工、冷作工、起重工等各个工种的工人，其中有2个医生和2个汽车驾驶员。

杜爱国：

这两名医务工作者是五厂职工医院的医生，参加唐钢医院工作。其中一位男医生，为了抢救病人，亲自用口吸痰，这种救死扶伤的精神很感动人。另一个女医生的表现也很好。他们都得到了当地人的赞扬，回来以后都入党了。

汪荣义：

为什么要派两名司机呢？我们去唐山支援时有个原则：自行解决生活后勤问题。所以我们从上海出发时，柴米油盐、吃穿用品等生活物资，都通过卡车运往唐山。

杜爱国：

厂里配备的这两名司机，驾驶一辆卡车，每个月都要来回上海，上海支唐队的生活供给，全靠这条运输线。

高忠兴：

我们是从上海北站乘火车出发的，时间是 1976 年 12 月 15 日，然后从天津转车到唐山，午饭是在天津吃的。到达唐山时天已经黑了。沿途的建筑物都倒塌了，山坡上都是坟堆，情景很惨。我当时很紧张，也很悲痛。我曾看到有人一直呆坐着不讲话，原来是家里有人在地震中丧生了。

汪荣义：

我们到达唐山时，看到的是一个新建的简易车站。然后唐钢派车把我们接到住地。

杜爱国：

我们到唐山后住的房子，是厂里前期派去的基建突击队建造的，砖墙一米高，四周是竹子编起来的围墙，再用稻草、泥和石灰糊起来，上面就是轻质的石棉瓦屋顶，它坍塌的话不会伤人。一切都是为了抗震。

当时的余震还非常厉害，有时我们坐在房间里聊天，突然之间会产生剧烈摇晃，随后电也断了。

汪荣义：

在我的印象中，建造的这种简易房共有六排，包括门卫、食堂师傅等都是上海派去的，故号称唐钢的“上海新村”。那时没有手机，领导的电报、职工的家信，也都由门卫接收。

杜爱国：

唐山冬天很冷，最低气温已达摄氏零下二十几度，泼出去的水马上就会结冰。

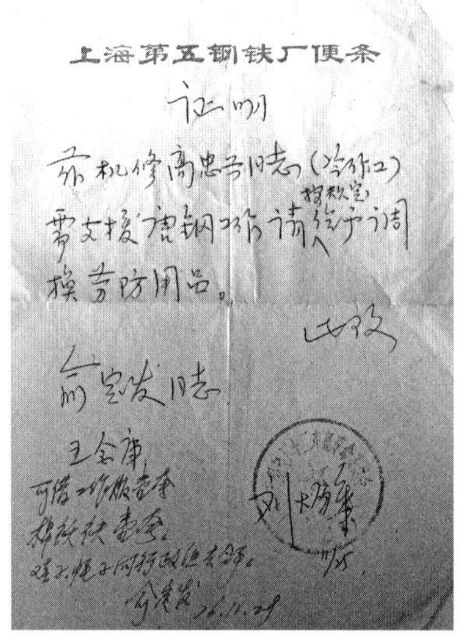

上海第五钢铁厂便条

证明

我厂机修高忠兴同志（冷轧厂）需支援唐钢水泥厂，请给予调换劳防用品。

此致

俞宝发同志

支唐过程中，上海第五钢铁厂
开具的物资调换借条

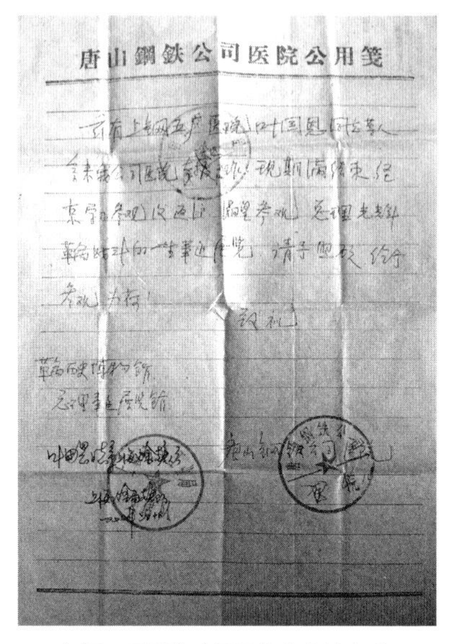

唐山钢铁公司医院公用笺

兹有上钢五厂医院叶国恩同志等人前来我公司医院支援工作，现期满结束经北京时参观纪念堂、瞻仰参观总理光辉革命战斗的一生事迹展览，请予热忱介绍参观为荷！

致礼！

革命历史博物馆
总理事迹展览馆

唐山钢铁公司医院

上钢五厂医院叶国恩等支唐结束后，
前往北京革命历史博物馆、
总理事迹展览馆参观的介绍函

高忠兴支唐时的照片

高忠兴：

唐山的天气很冷，对我们南方人来说，真是很不适应。我们用手去碰门把手，手会被粘住的，要马上弹开。但它是干冷，和南方的湿冷有些不同。

汪荣义：

我是搞后勤保障工作的，具体负责烧锅炉，就是需要供应上海支唐队一百多人的开水、洗澡和取暖。因唐钢需要的是半吨块状的小炉子，要等上海锅炉厂制造好运送过来，所以在初到唐山近一个月的时间里，我就先铺轨道，在食堂等处帮帮忙。取暖则由当地人在每个房间里造一座煤球炉，炉上烧开水，再弄一个烟囱通出去。锅炉运到后，我就正式上班了。

杜爱国：

我们在唐钢主要是帮助检修设备，恢复设备的运行功能。我们五厂派去的检修工水平都是很高的。比如行车上的马达坏了，我们的师傅就利用行车的减压机，新马达就很快可以到位了。再比如，行车上的钢丝绳不能长期使用，需要定期更换。唐钢的做法主要是通过人工把钢丝绳抽离出来，然后一道一道穿进去，费时费力。我们上海的做法很简便，把两头的钢丝绳对接起来，利用行车本身的卷扬筒就可把新钢丝绳换好。

我们和冶金局支唐队还给唐钢一炼钢机动科制造了一台液压的压床。这些经验传授给唐钢，确实起到了很好的作用，受到了他们的称赞和感谢。这个厂在地震中破坏很大，上海的支援促进了生产的恢复。

1986 年，大地震十周年的时候，我又去了唐山。我们援助时唐钢一炼钢机动科设备组的马天骥，已升任唐钢二炼钢厂的设备厂长。他高兴地说："老朋友来啦！"

高忠兴：

在唐山，我被分配到第一炼钢厂机动科工作。该厂转炉车间的设备在地震中损坏严重，转炉维修时是要用铆接的。我在上钢做钢板冷加工，铆焊没有实际操作过。尽管当地工人总是称赞上海师傅水平高，其实我在工作中也学到铆接技术等很多的东西。

汪荣义：

在唐山工作期间，唐钢给我派一个徒弟，这是个当地农村的小青年，我就教他司炉工的全套技术。我还去过这个徒弟家，第一次体验在炕上盘腿吃饭喝酒。徒弟家中也有一些亲人在地震中遇难了。

高忠兴：

据我所知，唐钢的工人几乎每家都有人在地震中遇难的。

汪荣义：

是的。但我感觉唐山人民还是很坚强的。我认识一个唐钢医院的女医生，她的父母兄弟姐妹全都在地震中丧生了，但她还在努力工作，态度积极地继续生活。

高忠兴：

我们上海支唐队的队员也有很多默默无闻的事迹。有一次，我去厕所，这个厕所是露天的，就是四周围起来的一块空地。看到旁边有个一起上厕所的支唐队员，喷出来的是一大摊血水，我吓了一跳，一时错以为走进女厕所了。原来这个二车间的电焊工，因工作艰苦犯了痔疮。但他忍耐力很强，不声不响，坚持带病工作。这给我很大的触动。

杜爱国：

说实话，因为参加了救援唐山的工作，我对唐山有了一定的感情。上世纪 80 年代，上海冶金局引进了英国的福乐康滑动水口技术，在我们上钢五厂转炉车间调试。我当时任技术攻关组组长。后来，我们设计了国产的滑动水口，冶金部在上海开了鉴定会，并在无锡、青岛、酒泉等钢厂推广。这项技术投入使用后，生产事故大大降低，生产效率大大提高，每吨钢的成本也节省不少。唐钢知道了这一消息，也希望革新设备，学习这门技术，我就带了几个技术人员过去帮教传送。

当然，唐钢方面有好的经验，我们也取经交流。

汪荣义：

我们到唐山后，当地的基本生活逐渐恢复，周末时，我们也结伴出去逛逛。唐山市革委会一座六层的办公大楼，地震后像压大饼一样叠在一起，从缝隙里还可以看到沙发等办公用具，给我留下很深刻的印象。与此同时，我又看到唐山的一些学校、机关、企业门前的毛主席塑像，居然没有倒塌的。你说是不是很神奇。

唐山最繁华的解放路经清理后，马路两旁建起了很多临时商店，在那里能够听到各地的方言，也能碰到很多医疗队，因全国各地都来支援唐山。各种各样的商品都有销售，我还在那里买了一副眼镜，质量很好，也很便宜。总之，我感觉大灾难后，社会上有一种大团结、大爱的氛围。

高忠兴：

记得 1977 年的春节，唐山放假十天，主要是考虑到当地老百姓失去亲人的心情。这样，上海支唐队临时决定，让我们也回上海过年。

汪荣义：

我们一回家，家里人很诧异，怎么才去了一两个月就回来了？过完春节后，我们重返唐山。随着天气逐渐转暖，传说唐山有可能暴发瘟疫，且传染得比较厉害。领导叫我们每人拿个安全帽到食堂里装大蒜头，要求大家都要吃大蒜头增加抵抗力。上海人生蒜都吃不惯，于是就把它加工成了糖醋大蒜。

高忠兴（左二）支唐期间与同事在唐山的合影

参与唐山震后援建工作时，高忠兴（右）与同事

杜爱国：

传说发生瘟疫的消息后，大家都很紧张。于是我们支部全面了解情况后，就给大家做工作，说目前没有接到有关瘟疫的任何通知，请大家放心。唐山的党政也在积极处理这个问题。

汪荣义：

后来又有传言说支唐队可能要长期留驻唐山，大家心里有波动，开始来的时候没有这么讲，也没有这种打算，很多小青年正在谈恋爱，还没结婚成家呢，要是长期驻扎唐山可怎么办？

杜爱国：

来唐山支援的地区是很多的。传说凡来支援唐山的人，都要把户口关系转到唐山。厂里来的很多同志很自然地有些想法。为此，冶金部劳动司的一位领导干部专门来到唐钢，召开了各地支唐工作的会议。我和上钢一厂的书记一起去参加了会议。这位领导说，确实有一些人想留在唐钢，比如内蒙古地区来支援的人。但对上海的同志来说，请大家放心，还是根据个人意愿来决定的。我们把会议精神传达下来以后，大家的心也就定下来了。这也是实事求是。

汪荣义：

后来，上海的第二批三十多人的支唐队来到唐山，我们也就明白是有轮换的。交接班后，全套运转就由第二批负责了。

1977 年 5 月，我们第一批支唐队返回了上海。

附 1：高忠兴“支唐”思想汇报

1976 年 7 月 28 日，唐山丰南一带发生了强烈地震，使人民的生命和财产遭受很大损失。为了跟严重的自然灾害作斗争，重建家园，唐山必须要恢复生产。

地震就是命令，灾区就是战场，我贴出了车间的第一张决心书，要求领导批准我赴灾区抗震救灾。我的决心立即得到领导的支持，领导给我的第一个任务就是参加五厂团委等组织的到上海铁路南站去搬运救灾物资。汗水浸湿了我们的衣襟，骄阳晒红了我们的皮肤，但我们的脑海里只有一个念头，多装、快卸，争分夺秒，一切为了灾区人民。紧张而繁重的搬运工作结束了，但我总感到遗憾，没能亲自到灾区去参加救灾。

以英明领袖华主席为首的党中央一举粉碎了“四人帮”，给全国人民带来了新希望，给唐山灾区人民也带来了新希望。上海冶金工业局接受了光荣任务。消息传到我们车间，领导一动员，大家争先恐后地写决心书。虽然当时唐山还经常发生余震，我们全然不顾这些危险，为了紧跟英明领袖华主席，为了迎头痛击“四人帮”的污蔑，我坚决要求去唐山，支援唐山人民搞好抗震救灾工作。

我的要求再次得到领导的支持，领导批准我肩负着全车间工人的委托，去支援唐山人民重建家园。

支唐的任务，既光荣，又艰巨。它不仅在工作上要考验我们每个支唐战士，而且在生活上也时刻检验着我们。

我来到唐山，首先碰到的就是生活关。我们从小生活在南方，对于北国的严寒从来没有感受过，北风呼啸，大雪冰封，自己要去承担，处处用凉水。晚上睡觉也不安宁，经常被冻醒。我想到了红军长征，我想到了大庆人战严寒、抗风雪的情景。这一切给了我无穷的力量，激励着我们和唐山人民同生活、共战斗。

我们在上海一直都是焊接的，但唐钢的转炉在维修时是用铆接，以前在书本上学到过，只有理论知识，到了唐钢与唐钢工人一齐上铆接，我学到了不少经验和工作上的技能。

半年的支唐工作结束了，给我的人生增添了不少财富。

附 2：高忠兴“支唐”工作记录摘编

上海冶金工业局支唐队，上钢五厂分队。支唐时间是 1976 年 12 月 15 日。临行前的 12 月 14 日在第十百货称了重量，是 134.5 斤。春节回沪：1977 年 2 月 10 日 17 时 48 分，158 次列车回上海。2 月 12 日凌晨 2 点 40 分到上海，厂车接。

春节后返唐：1977 年 2 月 24 日下午 4 点 35 分到达唐山站，一小时后唐钢派车来接我们。我第一批上车，到宿舍约 6 时左右。

1977年3月10日，在唐钢简易礼堂看了批判电影《反击》。

1977年3月13日，星期日，乘车去山海关、秦皇岛、北戴河。晨5点15分开车，到东站是6点左右，换大巴士，每人一座，早上7点35开，到山海关11点40分左右。在山海关吃了一顿午饭，在“天下第一关”照相，中午1点多去了孟姜女庙。1点40分左右往北戴河，到达时3点多了，买了些东西，到海边游玩一下。下午4点30分吃晚饭，5点50分返唐，到达9点02分。

1977年4月14日晚上8时，在上冶504宿舍收听重要广播“关于发行毛主席著作第五卷的通知”“学习毛主席著作第五卷的决定”。1949年9月到1957年的重要著作共70篇，46篇以前没发表过，32万5千字。

1977年4月26日下午，华主席来唐钢视察。

1977年6月10日上午离开唐山，结束半年的支唐工作。

附3：关于余震记录

1976年12月31日19时17分，又一次地震，估计有6级左右，当时感觉有极大隆隆声，紧接着就感到大地强烈上下颤动几秒钟。接着19时22分，又来一次，较前次略小，也有震动。

1977年元月8日21时28分，又有一次地震，感觉同12月31日第二次差不多。

1977年元月30日12时12分，发生地震长达十几秒钟。下午2时又有一次较前次小些的地震。

4月8日凌晨零点30分，有较小地震，我在给家里写信，坐床上感觉到；

4月18日凌晨零点55分，地震一次；

5月12日下午7点19分，大地震，抖动很大，时间较长，床大幅度摇摆。

为了建设“新唐山”（下）

——姜良习、李厚础口述

口述者：姜良习　李厚础

采访者：金大陆（上海社会科学院历史研究所研究员）

　　　　张　鼎（中共上海市静安区委党史研究室综合科科员）

　　　　王文娟（上海文化出版社编辑）

时　间：2016年4月20日

地　点：宝钢集团上海浦东钢铁有限公司会议室

左为李厚础，右为姜良习

姜良习，上海第三钢铁厂（现宝钢集团上海浦东钢铁有限公司）职工，现已退休。1976 年 12 月，作为第一批上海冶金工业局支唐队队员，参与了唐山大地震后唐钢第二炼钢厂机械设备检修工作。

李厚础，上海第三钢铁厂职工，现已退休。1977 年 5 月，作为第二批上海冶金工业局支唐队队员，参与了唐钢第二炼钢厂机械设备检修工作。

姜良习：

唐山大地震发生后，工段长找到我说："你能不能到那里支援一下。"当时，我是很朴素的小青年，也是积极要求上进的共青团员。说得大一点，就是党叫干啥就干啥。工段长说先回家征求一下父母的意见。我回去一说，家里人说没有问题，领导叫干啥就干啥。

我们于 1976 年 12 月中旬出发。领导说，唐山条件比较艰苦，我们上海人到北方去，当时那里零度以下，要增置一些御寒衣物。我们第一批一共去了 67 个人，我所属的检修工段钳工组去了 3 人。我们乘坐的是 14 次到北京的直达列车，全部是硬座，途中有的队员吃不消，就睡在了地板上。

从唐山站下车，眼前的景象让我一下子承受不了。虽然距离大地震已经 5 个月的时间了，唐山仍然一片狼藉，到处是倒塌的车厢、楼房，我还看到有铲土机在清理废墟时，挖出被房子压住的尸体。收尸队穿着统一制服，用裹尸布将尸体一扎扔上卡车。

这是我有生以来从未见到过的凄惨景象，给人一种窒息的感觉。当时的唐山有几种极具特征的颜色：一个是绿军装，因为解放军的人数很多，一个是白大褂，那是救援医疗队的医生和护士，还有就是我们工人，穿着蓝色的工作服。虽然过去了40年，这场景让我刻骨铭心，终生难忘。当天晚上，我饭也吃不下。

李厚础：

姜良习是第一批支唐队队员，我属于第二批的，是去接他们的班。2010年的时候，我回过一次唐山。站在凤凰山上看唐山，就像在北京景山公园上看故宫一样，一座座的高楼，焕然一新。唐山大地震中，建筑物几乎全部倒塌，就凤凰山上一座古色古香的亭子不倒，成为标志性景观。我们在唐山工作的几个月时间，唯一的娱乐活动也就是到凤凰山公园走走。

当年坐14次京沪列车的人都知道，火车行驶到达河北沧州时，天蒙蒙亮，窗外隐约可见铁路两旁都是坟堆，这种场景让我意识到，已经进入灾区了，心里很不是滋味。转车到达唐山时，尽管距离地震已经10个月的时间了，但是连火车站台都没有修复。绝对不像汶川地震恢复得如此迅速。我记得在给家里写的第一封信中，就大胆地对“人定胜天”表示了怀疑。

我在信中写道：“你来过唐山，见过大地震，你就知道自然的威力，人对自然的改造是多么渺小。”这是我到唐山的第一感触。

姜良习：

我们到达唐山后，临时住在解放军留下的棉帐篷里，帐篷里面味道特别难闻，也没有水喝。有的队员有点接受不了，免不了发点牢骚。我们带队领导是当时上钢三厂的党委副书记，一个五十多岁的老同志。他为了稳定大家情绪，主动去找水。我们这些小青年都非常感动。

后来我们移到先遣队建好的临时抗震棚里，上面是芦棚，下面是一米左右的砖，棚顶全部用我们厂里自己造的钢结构的三角铁槽钢。因为有拉力震不下来。在唐山没多长时间，就遇见了一次比较大的余震，大概有6.2级。当时就感觉带去的热水瓶都在跳动，大家喊了声“地震啦”！就赶快逃出去。实际上，我们造的这座房子是塌不掉的，以后再经历余震我们也就不怎么怕了。这是一个从不适应到逐渐适应的过程。

我们的伙食是相当可以的，考虑到上海人不适应北方的口味，是自己派了厨师砌灶开伙。厂里还专门配了一辆交通牌4吨卡车，从上海把猪肉、鱼、蔬菜等食材运到唐山，每周一个来回，这是厂领导对支唐职工的关心。为了防瘟疫，我们去之前都打了防疫针，厂部还规定要吃大蒜头，大蒜头特别辛辣，就折中一下做成糖醋的，在食堂里免费拿，配合着饭一起吃。我们还有随队医生，常规药品齐全，遇到感冒、拉肚子等，都是随队医生治疗。所以，我们没到过唐山的医院看病。当时支唐队有个规定，就是尽量不要麻烦当地的政府和工厂，吃喝拉撒尽量自己解决。

李厚础：

我们进入唐山后，可能是水土不服的原因，有人开始拉肚子。当地逢初一、十五赶集，我便在集上花一块钱买一只活鸡，回来煮一煮就吃掉了。我还得意地跟队友开玩笑：你们的肚子都不行，我就挺好的。结果当晚就泻肚子，第二天人就脱水了，幸亏队友们把我送进了医院。原来是因为地震的缘故，水质都被污染了。这件事给了我一个教训：人不能够讲满口话。哪怕是句玩笑话，老天也会给你颜色看。给我治病的医生叫缪卫，对我这个上海来的支唐人给予了特别精心的照顾。出院后她常邀请我去她家做客，还把家中一辆凤凰牌自行车借给我用。唐山人把我们当亲人，我是有亲身感受的。

姜良习：

我们在唐山正值寒冷的冬天。所以早晨起来时，临时房子上的拉手，一定要拿布包上才能拉，否则会把皮肤冻伤拉掉的。下了班身上很脏，从浴室里洗完澡后，在上海随便擦擦头发就可以了；但在唐山，从浴室到宿舍，头发全部结冰。

我们支唐队有一辆卡车，周末休息时，也开往丰南等地农村看看。我们在那里买鸡蛋，很便宜，几分钱一只，我们给他们一块钱，他们都无现钞可找。我虽然没有插队落户，上海的农村也去过，但在这里才真正体会到农村的艰苦和贫穷。

李厚础：

任何一支队伍，如果没有主心骨，一定没有战斗力。我们在唐山时，党团组织活动是正常的。我是团组织的临时负责人，每个星期都要想办法组织一些活动，包括跟支援唐山的上海医疗队搞联谊，这个群体是以年轻人为主，当然很高兴啰！我听说第一批支唐队还和上海第六人民医院的医疗队进行过足球友谊比赛，就是在一块荒地上踢球。这多有意思啊！

其实，在唐山下班后的空余时间不少，但报纸、电视、广播都没有，文化生活相当贫乏。后来，我们还弄来一台电视机，就想办法竖起一根几十米的室外天线，终于接收到中央电视台的信号。接通后可热闹了，吃了晚饭，大家就出来看中央电视台的新闻节目。

姜良习：

我们对口援建的单位是唐钢第二炼钢厂，我主要负责几十辆行车主体设备的检修工作。当时是计划经济，不考虑单位成本。目的是从政治方面考虑，即要向外宣布：唐钢已重新站起来了。所以，我们的工作任务是帮助恢复全面的生产，并不是紧急抢修，所以一般情况是比较正常的。

第二炼钢厂的工作制度是三班倒。因大地震发生于凌晨，厂房是钢框架结构的，地震时会摇动，但一般不易倒塌，后期加固就没什么大问题了。大家可以看到厂里的烟囱倒了，烟囱是砖混结构的，肯定抗不住震。所以，在厂里上夜班的人，大都平安无事，在家的人却遭受灾难。我们来唐钢支援，跟建工独立承建一个项目不一样，是分散地穿插到各班组里。比如，这个支唐队员是钳工，就一个人在唐钢的钳工组里，跟唐钢该班组的工人一起工作。

具体就我的行车检修任务，在实际操作中，也运用了上海比较先进的方法，帮助解决了一些问题。印象比较深的有两件事。

第一件事，因行车要定期更换钢丝绳，我们按照上海的方法，用接头对接起来，利用卷扬机的动力卷上去。当地工人则是把行车放下几十米，用绳子硬把钢丝绳拉上去，非常地吃力。或许当地人体格健壮，力气比南方人大，工作费力也就不计较了。我们的方法展示后，他们觉得很好，称赞上海人很会动脑筋，并要求我们详细传授这项先进技术。

第二件事，上海清洗齿轮箱是用柴油的，一则柴油成本低，二则也相对安全。唐山这边是用汽油来清洗的，这使我们感到很担忧，也很害怕。因为北方很冷，厂房里也是摄氏零下十几度，大家都烤火，火堆距离汽油很近，真是非常危险。我们在工作中阐明了这个道理，他们接受了。

李厚础：

大地震后，西方人说唐山在地图上被抹去了。党中央和毛主席说，要重建一个“新唐山”。我们上海冶金工业救援的任务，就是要把唐钢的生产恢复起来。刚才姜良习讲了，第一批支唐队在唐钢工作期间，主要是以“掺沙子”的形式融入的，某个岗位的工人在地震中遇难了，上海支唐队员就补充进去。

其实还有一种形式，是三班运行。比如甲班由我们上海来的队员全部承担，这更便于集中管理。当时上钢三厂主要负责运保，即运行保养，就是设备在运转过程中，需要钳工、电工、焊工等多个工种值班。这种三班运行的模式更能凸显我们的工作成效。比如，我们把“巡检”这个概念带进了企业管理。在此之前，当地的操作方法是设备出问题时，才打电话通知值班人员赶去处理。我们则强调主动出击，每隔一小时巡逻检查一遍，这样就能把设备上存在的隐患消灭在萌芽当中。同时，我们在巡检过程中，以小黑板的形式，把在值班过程中发现的可能会出现的设备问题记录在上，以便下一班人员引起重视，做到重点巡检这些设备。当时这种工作法叫“巡检制”，后来日本人总结为“设备点检制”，可避免不慎造成的大事故。唐钢的领导认为上海工人比较聪明，能够带来一些先进的操作方法。实践证明也是这样的。

姜良习：

在唐钢的车间上班久了，与唐钢的职工也就有感情了。他们很淳朴，也知道我们是不计报酬来支援的，所以家庭条件略微有改善，就会邀请我们去做客。都说唐山人把参与救援的解放军、医疗队当亲人看待，我们工业援助人员也是一样的待遇。由于地震造成唐山的很多家庭支离破碎，有的是丈夫遇难了，有的是妻子离世了，相互之间或是同事，或是邻居，搭配成对的情况很多。我就应邀参加过援建车间唐山职工重组家庭的宴席，其实过程很简单，就是大家围坐在炕上聚一聚。我有个同事的父亲在上海粮油进出口公司工作，知道我去援助唐山，送给我多听午餐肉，这在当时是很稀奇的。于是，我带了些肉，还带去了上海产的七宝大曲，以表心意。

李厚础：

确实，地震灾情稳定后，有些存活下来的人，开始很现实地考虑二次婚姻。这种重组家庭的情况，我们第二批支唐队应该遇到更多，所以经常有唐钢同事通知：“明天到我家喝酒！”我还在纳闷呢，他说“我成家了”。当时所谓的“份子钱”很少，用不了两块钱，几毛钱也可以送。大家一起围坐在炕上喝酒，备好一些花生米、红枣，还有几块馍馍。家庭组合后，两个人总要有爱情的结晶吧，又有忙着喝“满月酒”的。我当时还是小青年，就让我妈妈到南京西路茂名路转弯处的儿童商店买来几件儿童服装送给他们，他们高兴极了。

姜良习：

1977年上半年，华国锋曾来唐山视察唐钢。当时只是听说有中央领导来，也不知道是华国锋要来。当天，厂区里人很多，我有幸见到了华国锋，跟他的距离只有一点五米这么近，我的心情很激动。华国锋人很高大，他身边的8341部队都是穿军装的。他一直跟大家招手，也没说话。后来领导跟我们传达了，华主席在会议室里说："灾区人民的心情我是理解的。"

李厚础：

姜良习他们幸运地经历了领导人的来访，我们则经历了唐山重建时的环境整理。唐山的民居绝大多数是平房，为了保暖，房顶浇得很厚，还有北方谷子、玉米都放在房顶上晒，因此房屋头重脚轻，地震发生时，整个房顶倾倒下来，人很难逃脱。因为死难者太多，环境就特别恶劣。当时尸体就地处理很不规范。直至我们工业援助进驻时，唐山为了城市重建，还经历了一次尸体搬迁。就是有计划地将城中坟堆中的尸体，集中移至古冶镇深埋。我们也去现场看过，有一家人死在炕上，情形很惨烈。这次尸体大搬迁，又使整个城市的空气充满了难闻的味道。我们很不适应，整天昏昏沉沉的，出现生病的征兆。后来安-2飞机在空中喷药，防治疫病。

李厚础：

1977年5月份，第一批支唐队回上海了。我们第二批即当月到达，进行正常交班。半年后，我们也顺利完成任务，返回了上海。

来自唐山的报告
——贾庸泰、屠国荣等访谈录

受访者：贾庸泰　屠国荣　张春来　刘林培　刘玉芹　李士荣
　　　　吴志荣　康广宏　王　瑞　王俊华　周娟娟
采访者：刘永海（唐山师范学院历史文化与法学系教授）
　　　　徐　露（唐山师范学院历史文化与法学系讲师）
　　　　郭　明（唐山师范学院历史文化与法学系在校生）
　　　　赵　慧（唐山师范学院历史文化与法学系在校生）
　　　　冯　硕（唐山师范学院历史文化与法学系在校生）
时　间：2016 年 1 月至 3 月
地　点：河北省唐山市

贾庸泰、屠国荣访谈录

刘永海：您爱人住院时的情况（1976年11月，屠国荣因宫外孕大出血，危在旦夕。入住设于唐山六中的抗震医院，在上海医疗队医护人员的精心救治下康复），还记得吗？

贾庸泰：记得，记得，我们永世不忘。主导做手术的医生，估计已经六十多岁了。唐山地震之后，他们就从上海来了，还有一个女护士。

刘永海：还记得他们的名字吗？

贾庸泰：可惜，记不得了，连个联系方式都没有。我们的小孩地震中被砸死了。地震之后，11月份，天气特别冷，我爱人又患宫外孕，但是当时咱不知道啊。那天我给爱人买的早饭、牛奶，然后就去上班去了。我爱人是在她单位犯病的，单位同事急忙把她送到了抗震医院，然后她弟弟来找我。我立即就去抗震医院了，医院在六中。那医院是临时盖的，一个一个房间，车间似的排列着。房里的床是上下铺，护士和大夫在那里生活。

当时我就跑着去找大夫了，心里很着急啊！大夫说要输血，2200cc。当时血不够，要去外边找。碰巧了，碰到了卫生局的一个领导，便拉着我们去了血库，还说不够再来拿。大夫把我叫过去，说我爱人是宫外孕。上海医务人员的医术水平真是高，人家护理得也很好。有一天晚上，余震又来了，当时很紧张，忽然停电了，大家开始乱叫。有一个女护士，背着一个大电棒，跑来安慰大家，告知注意事项。我原本在那里躺着，马上去护住我爱人。这时，我爱人一下子休克了，大夫紧急抢救，忙碌了好一阵才苏醒过来。人苏醒了，不久就来电了。

刘永海：阿姨，您住院住了多长时间？

屠国荣：住了十多天。

刘永海：您原来在哪里工作啊？

屠国荣：我在唐山市纺织品批发部任职，后来从华联（集团）退休。那天早起上班后，正在单位擦桌子，后来感觉不舒服了，接着又开始吐。单位里的同事从马路上截了一辆部队的车，两个小伙子把我抬到车上，天气特别冷，到了医院之后，直接将我抬进去了。当时我很不舒服，感觉要昏过去了，大夫接诊后就把枕头撤了，然后拿着针管在肚子上抽血，说这不是阑尾炎，是宫外孕，赶紧做手术。做完手术后，人有点恍惚。当时输了2200cc的血呢。

贾庸泰：令人感动的是，当时医生们正在吃饭，一听情况二话不说，放下筷子就来了。这个手术做得特好，什么感染都没有。人家老大夫对我说了，输卵管保留了一侧，还可以生孩子的。我们现在有一个儿子，生活很美好，总忘不了人家，这是救命恩人呵。唐山大地震20周年的时候，上海医疗队的人来过。我听说后赶去找他们了，但是没找到。现场有个记者采访我，我说这种情谊不是什么请客吃饭、送礼物之类可以解决的，不是这样的事！我们应该把这种感激之情表达出来。咱们唐山人不会缺少这种感恩的心！

刘永海：您的工作单位？

贾庸泰：我在土产公司上班。

屠国荣：我想说：第一，要是没有人家上海医疗队，我这人就不存在了；第二，如果把两个输卵管都给切除，就没有生育能力了，人家给切了一个，让我们以后的生活还有一个盼头。后来吃了些中药，在37岁的时候有了一个儿子。当时医生、护士的名字都记不清了，想感恩都不能跟人家说。真想找到他们呵。

张春来访谈录

刘永海：地震时您是不是被压在废墟里了？

张春来：地震的时候，我既没有被砸到，也没有被碰到。但我为什么要感谢上海医疗队，那是因为地震之后，容易有传染病。当时我才 6 岁，住在东矿区，现在叫古冶区，不幸患了流行性脑炎。在上海医疗队救治的病例中，我是唯一的一例脑炎患者。我昏迷了三天三夜。那个时候，古冶三院整个都塌了，上海医疗队就在那里建了一个简易的病房。我算是上海医疗队救助的最后一批患者，若是依照当地的医疗水平，肯定救不了！

刘永海：具体情景您还记得吧？

张春来：我得病大概是在 1977 年 9 月底 10 月初。秋天，晚上没有任何征兆就发烧了，早晨的时候就昏迷不醒了，生产队拉着大马车，带着我去找上海医疗队。我听我妈说，到了那之后，他们就给我做腰穿。大夫把我腰给躬起来，拿着大针头，把脊髓给抽出来。这个可是很要命的，要是弄不好的话，会很惨的。但是人家上海医疗队给做好了，人家医术高！另外，给我印象最深的是一个护士，这个护士大高个，大概姓王，二十多岁。我觉得她应该记得，我是唯一的一例脑膜炎小孩，也是最后一批。后来，上海医疗队就撤走了。

刘永海：就是说他们撤走的时间是 1977 年的 10 月份，在这驻扎了大概一年多。

张春来：对。

刘永海：您在医院总共住多长时间？

张春来：大概两个多月，不到三个月。

刘永海：上海医疗队护理挺好的吧？

张春来：人家护理得非常好！我记得，我还跟人家要饼干，那时候岁数小嘛。我住院时间太长了，出院回家的时候，还是生产队拉着大马车把我带回去的。救命之后，人家一分钱都不要！

刘永海：古冶区的上海医疗队有多少人啊？

张春来：我跟我舅打听过了，当时医生、护士加起来才十多个人。

刘永海：后来与大夫、护士有没有来往？

张春来：说实话，那个时候家里面都在农村，条件差。地震之后，我家的房子没倒，我奶奶的房子倒了，家庭琐事太多了。但对我来说，这是一辈子记得的事，我一直跟我儿子说上海医疗队的事，刻骨铭心，忘不了！

刘永海：有机会跟上海方面的老师们把您这个信息沟通一下，让他们帮着找一找，没准儿能找到，因为您这个例子比较特殊。

张春来：对，我是比较特殊，唯一的一例流行性脑炎。我听我妈说，隔壁是一个患伤寒的小女孩，住的是传染病区。

刘永海：古冶区抗震医院具体位置是哪啊？

张春来：现在林西（煤）矿的北边，集才中学的操场上。它是原来老三院空场，本来就是医院，医院倒了之后，在医院的空地上建立了临时医院。

刘永海：可能是病人少，所以医院规模小。

张春来：等我住院时，救治的都不是地震伤员了，都是普通病号了。当时地震重伤员都转去外地了。我在一个学校当校长时，一个门卫就是地震时把胳膊砸伤了，左手整个砸伤了，当时被转到了洛阳，他在洛阳住了十多个月。

刘永海：对您的救治，应该说非常成功。

张春来：对，非常成功！我妈一说这件事，就说人家真是太好了！真要我回忆什么具体的事，当时我太小了，回忆不上来多少。不管有没有作用，我都想把我的感恩心情表达出去。

刘永海：咱们唐山人对上海肯定是很感激的。

刘林培、刘玉芹访谈录

刘永海：当时地震时，您是个什么情况？

刘玉芹：我家在南刘屯，住得很简陋。地震时，我没出什么事，为什么呢？因为我们住的是一个草房，房顶轻，所以危险小。地震第一下，房顶就掉了下来，把我压住了，但是不很重。我知道是地震了，但不知道外边是什么情况，我就等着外边有人来救我。过了一会，有个人把我给救了，我没有受伤。我站起来后，环视四周，全成平地了，没有一个立着的房子。

刘林培：地刚开始摇动，我就琢磨着是发生地震了，马上坐起来，想要从窗户上跳出去。那天天热，窗户都开着，我已经到窗户那边了，一个房梁掉了下来，我被砸到了，是跪着的姿势。当时我还是比较冷静的，外边鬼哭狼嚎的。等了一个多小时，我听见一个弟兄在外边说话，然后我就叫他，他和我爱人一起把我给抬了出来。我的胳膊被压了四个小时，都没知觉了。接着，我母亲被救了出来，但我的父亲和大儿子七窍流血，当场死亡了。

刘玉芹：当时他胳膊受伤了，一个袖子系在胳膊上，一个系在脖子上。后来上海医疗队来了，有个护士冯嘉梅，她是上海第六人民医院的，给他扎针灸，差不多每天都来，天天扎针，慢慢一点点地，他的胳膊就跟平常人一样了。

刘永海：针灸持续了多少时间？

刘林培：扎了两个多月，有时候冯护士来，有时候我去。他们住在唐山老一中那边，离我们家很近。就在南厂（**按：唐山机车车辆厂**）那边的原唐山十五中，那有个大操场，现在没了，他们上海医疗队都在那边。

刘永海：有确切的地址吗？

刘林培：就在南厂那边的最南边，老一中火车道那边，是十五中。

刘永海：冯护士大概多少岁？

刘林培：当时大概20多岁吧。

刘永海：能介绍一下冯护士的具体情况吗？

刘玉芹：当时那种条件没有照片。后来抗震医疗队合并到唐山六中了，冯护士他们又来了一次，我还去过。不久，我生了孩子，孩子过满月时，我还请她来我们家吃饭。此后很长一段时间，我们还经常通信。她在上海，让我给她买两个毛毯，我就给她买了，她买一些上海的衣服送给我。我当时也在医院工作。

刘永海：阿姨，您在哪个医院工作？

刘玉芹：原来叫唐山商业医院，就是现在的唐山妇幼医院。

刘永海：刘师傅，那个时候您在哪里工作？

刘林培：我原来在部队，后来分配到了唐山，刚好赶到地震。

刘永海：看来您二老跟冯护士关系比较好。

刘玉芹：她经常带两个伙伴来我们家，我给她们烙肉饼吃。上海人不喜欢北方的饭，但是我烙的饼她们特喜欢吃。我跟冯嘉梅通信了好多年，最后一次通信她说她要结婚了，我还问她对象是干什么的。后来关系就中断了。现在我估计她应该也60多岁了。我们也一直盼望有机会找到冯护士。

刘永海：我们一起找吧，但愿能找到上海的恩人。

李士荣访谈录

刘永海：您能和我们聊聊您在唐山大地震中的经历吗？

李士荣：我今年 77 岁，是唐山市路北区居民，原铁路唐山水电段的职工。强烈的地震降临唐山，昔日的工业城市瞬间成为一片废墟。我家住在路北区，是重灾区。当天我正在看书还没睡觉，头脑十分清醒。大地剧烈晃动起来，电线扯断了，灯灭了。我感到不好了，立即抱起孩子，唤醒老公跑出家门，我们一家三口幸免于难。邢台地震我也遭遇了，唐山地震的劲头大多了，震动时间长多了，电闪雷鸣也恐怖多了。震后一年的 1977 年 5 月 24 日，我家又添了一个宝贝儿子——王怀海。为什么起名“怀海”？就是怀念、感恩上海医疗队。怀海今年 40 岁了，也人到中年了。

大地震发生后，10 万余解放军，5 万余名医护人员从全国各地赶赴唐山，上海医疗队就在其中。上海医疗队名气最大，来了很多名医。他们救死扶伤，唐山人永远也忘不了。

当第一批来自全国各地的医疗队陆续撤离后，唯有上海派出的第二批医疗队继续留在唐山，救助伤员和服务于唐山百姓，上海医疗队与唐山人的心靠得越来越近了。位于唐山市第六中学操场上的临时医院，是上海医疗队来唐建立的。我的儿子就出生在六中临时医院里，记得是由上海第一人民医院妇产科医生袁双喜大夫接生的，母子平安。

临时医院非常简陋，一排不大的地震棚是大夫的宿舍，另一边搭建了两个大帐篷，其中一个帐篷是手术室。原来医院的医疗设施和药品在地震中全部被毁了，这里是木板当床，自带被褥。医疗设备落后和药品异常匮乏是首要问题，连手术必需的麻药都不全，往往采用在当时技术还不成熟的针灸麻醉。

1977 年我 37 岁时生育第二个孩子，属于高龄产妇。第一个女孩是在天津总医院出生的，剖腹产，手术进行了4个多小时，术后恢复很艰难，伤了元气。第二个我想试试自然分娩。即将临盆时肚子痛得很厉害，疼了一整天，就是生不下来。袁大夫晚6点接班，经她检查发现有子宫破裂的危险，就果断决定马上剖腹。我被住院的病人家属四个小伙子用棉褥子，一人抻一个褥角，送到手术帐篷。袁大夫主刀，在针麻下开始手术，针麻止疼效果不太大，我痛得很，我就用尽全身力气鼓着肚子，双手死死抓着床沿，大声喊叫起来。袁大夫一边斥责我"叫什么叫，肚子胀气我不管"，一边麻利地手术。当她把孩子从我肚子里拽出来，一只手抓着孩子后背，让孩子四脚朝天，屁股朝向我，蹬着小腿，当我看到是个男孩时，幸福极了，我觉得再疼点都值得。不到1个小时手术顺利完成了。袁大夫医术非常好，刀口就是一条细线，没留下一点后遗症，手术的第二天我就能下地走路了，一星期就出院了。直到现在，我已77岁了，身体还好好的。当时，医院人手不够，大夫忙前忙后，不管分内分外什么活都干，病人家属也互相帮忙，病人工作单位来人支援。真是地震无情人有情，我感到无限温暖。

后来，上海市直属医疗机构又帮助唐山设立了4座临时抗震医院，先后派出医疗队员1384人，累计诊治病患41万人次，手术2.3万例。上海医疗队员都有一颗全心全意、百折不挠、为伤病员服务的心。

上海医疗队是唐山的恩人，更是我家的恩人，不管过去多少年，我们都不会忘记上海医疗队的恩情，永远不会忘记!

当时通信工具落后，没有私人电话，出院后与大夫就失联了，这么多年只是心存感激。袁大夫现在也有70多岁了，想必已退休了，祝愿她晚年生活幸福，健康长寿!

吴志荣访谈录

刘永海：吴校长，您能不能介绍一下上海抗震医院选在六中的原因以及医疗队进驻六中的具体情况?

吴志荣：唐山地震之后，整个市区的房子全部都倒塌了。唐山六中当时分两个校区，校区的北边是一个大操场，比较宽敞；校区的南边，是教学区，受损也比较严重。这样一来，北边整个操场显得十分开阔。这里有一条缸窑路，距离市里较近，交通也比较方便，加之震时的唐山已经没有更合适的地方，所以最后就选到了唐山六中这里。至于上海抗震医疗队具体进驻时间，我记不清了。

刘永海：抗震医疗队在六中工作了多长时间？

吴志荣：关于这件事啊，我给你推荐一个人。因为上海抗震医疗队到唐山之后，人生地不熟，必须跟咱们唐山市结合。我记得当时结合的就是二院，也就是骨科医院。他们跟二院结合之后，当时我们大院儿有个体育老师，名叫康广宏。他后来调到唐山一中了，现在已经退休。二院到那之后，二院也帮着抗震医疗队做一些工作。我推荐你去找康广宏，再找找他爱人马护士，马护士在骨科医院工作，她跟上海医疗队的医护人员一起工作过。

刘永海：您与抗震医疗队有过接触吗？

吴志荣：实质上，抗震医院在唐山时间不短，其间，我也是一个受益者。地震之后，我的腿也受伤了，尤其是右腿，行动不便，十分麻木。因为我在唐山六中，抗震医院就在那里，我有近水楼台之便。医院的大夫特别认真，也特别负责任，服务态度也非常好，很热情。在医疗队治疗了大概半个多月。此后，我的腿就渐渐痊愈了。

刘永海：大夫是如何医治的？是吃药，还是康复治疗？

吴志荣：他们是西医，给我打 B1、 B6、 B12 之类的，有营养。他们的态度特别好，很认真，很负责任，疗效也很好。

刘永海：听说抗震医院接诊的病人很多，当时不仅仅接诊地震受伤的人吧？

吴志荣：没错，不仅是地震伤员，距离六中不远的四邻八庄、郊区村镇等等，只要是有病的，都来。人很多，车水马龙的，显得特别热闹，尤其是农村的，套着马车，骑自行车的，还有走路的。抗震医院的大夫们全管医治！只要是来的，来者不拒。所以，唐山人都是受益者！反正他们的口碑很好。我听说，第一个在地震之后出生的小孩就是抗震医院大夫接生的，接生的具体时间我记不清楚了。

刘永海：您本人就是受益者，给您看病的大夫您还有印象吗？

吴志荣：不好意思，具体情况不知道了，时间太长了。但我记得是一个年轻的男大夫， 30 岁左右，很负责，很认真。

刘永海：六中有了抗震医院后，对学校的工作有影响吗？

吴志荣：医疗队的大夫吃住全都在抗震医院这里，自己起火做饭，是相对独立的，不会对我们产生太大的影响。人家不但管治疗，而且还管消毒、消炎、防疫，这些对我们都是有好处的。要说影响，也是好的影响。

刘永海：唐山六中有没有整理过这方面的资料，有没有留个底，比如照片？

吴志荣：没有，当时条件也不允许，没有相机。

刘永海：医院撤离的情况，您有印象吗？

吴志荣：撤走时，我记得他们当时留下了一些东西，主要是防疫的一些药品、消毒器材等。

刘永海：临走时，有没有搞个仪式？

吴志荣：这个就不清楚了。我估计政府那边、卫生局和我们六中的领导应该有个欢送仪式吧。

康广宏访谈录

刘永海：唐山第一抗震医院位于唐山六中，是上海医疗队援建的。听说当时您在六中工作，请您说说当时您了解的情况。

康广宏：这所抗震医院就坐落在唐山市六中的操场上。大地震发生后，可能是因为这里交通比较便利，可以起降直升机，所以就将抗震医院选在这里了。我们学校操场400平米，医院占了200平米，操场的土地虽然坑坑洼洼的，在那时还算不错的呢。医院是上海医疗队援建的，刚开始只有几顶帐篷，后来，在解放军的帮助下建起了几排棚屋，苇墙，油毡顶，排列还算比较整齐。医院设有门诊部、住院部，估计能容纳二百五十多张病床，别看简陋，但科室还是健全的。医院就叫第一抗震医院，门口有个大牌子。

我是体育老师，经常组织学生做一些体育活动。记忆中医疗队的人也参加过拔河、篮球比赛之类的。后来二院（按：唐山第二医院，也叫骨科医院）搬过去了，二院的医护人员也参与过这些活动。

刘永海：整个抗震医院的医护人员都是上海来的吗？

康广宏：据我所知，医院的行政管理和工勤人员由唐山市人民医院抽调的，其余大夫应该全是上海人，我听着都是南方话。后来才知道100多名医技人员都是来自上海市卫生局革委会所属各大医院的技术骨干，包括专家和在医学领域有所建树的优秀人才。他们的医疗水平很高，人也非常好。

刘永海：当时您有同事或者别的朋友在那里受到过救治吗？

康广宏：没有。但我知道这个医院很忙碌，开始救治的主要是地震伤员，而且主要是临时救治，重伤的要转走。大约一年后，医院就收治常规病人了。

刘永海：您有没有和当时的大夫留个影？

康广宏：可惜没有，当时也没有现在这么方便的条件，说照相就照相了。另外，工作上，他们有他们的事，我们有我们的事；生活上，他们有自己的食堂、宿舍。可以说，我们在工作、生活上互不干扰，除了少量文体活动外，交流的机会并不多。

王瑞访谈录

刘永海：您在地震的时候情况是怎样的，受到损伤了吗？

王瑞：大伤没有，地震时房子塌了，房檩砸在我的腰上，但是我爬出来了，腰受了一点轻伤。

刘永海：既然没受大伤，怎么这么熟悉上海抗震医疗队？

王瑞：地震之前我就有病，是一种先天性的病，是在唐山华北煤炭医学院附属医院做的手术，但是没有完全治愈，就地震了。上海第二军医大学在古冶区林西那边盖了简易房，除收治地震伤员外，还接诊常规病人。我就到那儿去治病了。

刘永海：您得的什么病？

王瑞：先天性的膀胱外翻，后来去林西抗震医院给做的膀胱切除手术。

刘永海：这个医院具体位置在哪里？

王瑞：我记得是一个球场，在林东，林东是一个村子。

刘永海：您对手术大夫还有印象吗？

王俊华：有啊，记得当时主刀的是一个教授，叫马永江，我对这个人印象深刻。

刘永海：当年这个大夫年龄有多大？

王俊华：当时就有60多岁了，要是现在活着，也得有100多了。他当时还带着徒弟。

刘永海：徒弟的情况您也了解？

王瑞：徒弟只知道名字。一个叫岳宏光（音），一个叫徐才章（音）。估计这两个人也有60多岁了。

刘永海：您在地震医院住了多长时间？

王瑞：四十多天，我记得出院时挺冷的。

刘永海：您感觉他们的医疗水平怎么样？

王瑞：人家上海第二军医大学的大夫，水平是真高。

刘永海：我了解上海在唐山建立了四个抗震医院，分别在唐山六中、东矿（今名古冶）、丰润、玉田，您说的应该就是东矿医疗队。

王瑞：可能就是这个吧。

刘永海：后来有联系吗？有他们的照片吗？

王瑞：没有，当时的条件也不能联系啊！也不能照相啊！

王俊华访谈录

刘永海：地震的时候，您的家在哪里？

王俊华：我家在西北井，地震那年17岁。我们那个地区破坏严重，我也被砸伤，造成骨盆骨折，不能排小便，特别难受。一个亲戚把我接到玉田，在村里由赤脚医生治疗。几天后，还是不行，就把我送到窝洛沽镇医院，大夫说需要做手术。那天我记得特别清楚，我躺在病床上，消毒、备皮什么的都做好了。正准备做手术时，大夫说先别做了，上海医疗救援队来了，看看人家有没有好的办法。然后上海一个个子不高、三四十岁的大夫，看了我之后，说这个手术能不做就不做，做了之后，情况会更不好。大夫说，手术条件不具备，非常容易感染，而且还是夏天。上海大夫就给我做了处理，等到身上不特别疼后，帮我转到了玉田县城，在那里有转运伤员的专列，我便去了河南开封治疗，在那里养了几个月才痊愈。年轻时没什么感觉，现在年龄大了，越想这件事，越怀念上海那个大夫。当时要是没有人家及时赶到并妥善处置的话，我也就不行了。若草草地做了手术，结果会不堪设想，他的治疗方案及处置方式影响了我的一生，给了一个健康的我。

刘永海：**您到河南之后也没做手术？**

王俊华：在开封也没有做手术，就是养了几个月。你看现在，没有任何后遗症。

刘永海：**所以说，当时上海医疗队大夫的治疗方案是最及时、最恰当的。**

王俊华：对，最恰当的。地震之后，我就下乡了，然后参加工作。地震20周年时，我成了市级劳模。2008年汶川地震，我积极参与救援，被评上抗震劳模。我对上海医疗队特别感激，对那段历史特别怀念，要是有可能的话，真想见见他们。

刘永海：**想过寻找那个大夫吗？**

王俊华：一直都在想，每次去上海，我都梦想着突然遇到那个大夫。他应该有七八十岁了，一定过得非常好，很健康，好人有好报嘛。但我知道，若是没有正式机构协助的话，根本不好找。现在你们搞这样一个寻找上海救助唐山大地震亲历者活动，我觉得特别有意义。我想借这个机会，表达一下我的感激之情，是人家救了我。当时，上海医疗队救了很多人，救我的大夫跟我相遇仅是短暂的个把钟头，当时没有留下任何东西，时间太短暂了。也没说多少话，我后悔没问人家姓名。这段经历，他肯定不记得了，但我一辈子也忘不了。在报纸上看到了你们征集的消息，特别激动。在这方面需要我们的，我们一定积极帮忙！

刘永海：对，上海那边有多家单位都在全力寻找那场地震的亲历者，但愿您能找到救命恩人。

周娟娟访谈录

徐　露：您能和我们聊聊您在唐山大地震中的经历吗？

周娟娟：我不太愿意回忆起这个事情，这是个痛苦的事，因为我丈夫在地震中阵亡。我们都是东海舰队的，他是飞行员，我是 411 医院护士，转业到唐山。

徐　露：那您来唐山那年是 1969 年？

周娟娟：嗯，是 1969 年到唐山。我今天来主要是感谢吴江山。这个就像故事一样，而且是一个神奇的故事。当年唐山地震，吴江山随部队最早来到灾区唐山，他是飞行员，到唐山机场运送伤员。事情要从震后说起，我也是被邻居救出来的，之后和邻居在一起，一天一夜没吃东西。第二天早晨邻居提意到机场去，那里有解放军，有饭吃有水喝，邻居找了一辆马车就到了机场。当时我就想，我要找解放军，找我丈夫原来的部队，他们肯定会来救灾。没想到的是离我们帐篷不远的地方有个解放军在搭帐篷，我过去一看惊呆了，这个解放军正是我们东海舰队411医院的外科医生叫益福明，我过去叫益医生，他看到我也很惊讶！啊呀是周娟娟，我们都在找你，你爸爸到411医院去拜托医疗队一定要找到周娟娟，可是一到唐山傻眼了，没希望了，找不到了。益医生说他是支援后勤部唯一一个411医院的医生，411医院的医疗队在梁家屯，说我可以到那里，有我熟悉的医生和护士。你说巧不巧。

徐　露：嗯，太巧了。

周娟娟：后来我就到梁家屯和救灾的解放军一起生活，受到医院麻醉师诸文蕊和护士叶君南无微不至的关怀和照顾。在那住了五六天，医生、护士们都说："你回去，回上海，我们医疗队得一个月才回去呢，你跟我们在这也吃苦。"我就又坐上卡车，又到了机场，她们送我到机场，要是能够走呢就走，要是走不了就还回来。我说行，我们就到机场去了。到了机场也巧，有一个飞机，翅膀下面有个飞行员，我们过去问他："你们有飞机去上海吗？"他说："你们是哪的？"我们说："是上海411医院的。"他说："我爸爸是上海411的第一任院长。"这个飞行员就是吴江山，然后吴江山就说跟他们参谋长联系一下，他就去联系了。一会儿，参谋长来了。他说："你是上海人？"我说是呀。他说："我爱人也是上海人。你不用着急，我今天肯定让你走，今天运物资的飞机4点来，你就可以坐着这个飞机回去。"我特别高兴，他们安排我在一个亭子里，吴江山另有任务，走了，他的飞机好像是飞往沈阳的，快到12点了，他从沈阳送伤员又回来了，又来看我们了。他说："哎呀，你们还没走呀。"我说是下午4点，他说："你们吃饭了吗？"我说没有，他就上食堂给我们打饭，那时候挺珍贵的，有饭有菜还有饮料。我说这个人怎么这么好呀，这么热情。以后我们在唐山再也没见过面。下午不到4点，我看到飞机过来了，把东西运完以后，我跟我儿子上了飞机，是空飞机，到北京有一拨人上来，都是去上海的。那时候用电报，飞机上的话务员就跟我们医院联系，说你们来接一下伤员。医院的人都不知道是我。大约6点到的上海。想想唐山还是满目疮痍，而上海是这样安静祥和。特别美，哎呀，真是两个天地，两个世界。到了医院以后，一看，大夫们都很吃惊，说：“周娟娟，是你呀！”都认识，是手术室的，我们同学都在那呢。他们就忙着给我洗澡，给我打饭，让我吃饭，然后弄了个单间就让我和我儿子住院了。

徐　露：**当时您身体有受伤吗？**

周娟娟：我是受伤了，因为压的嘛，骨盆好像软组织挫伤，胸部也是软组织挫伤，脚骨折，但是这个脚都是小伤了，有个特别好的医生专门给我看病检查，最后脚检查出骨折，因为脚总肿嘛。吴江山还去看我，真是特别的好。我们的主任、老师去看我，给我钱、粮票，那时候粮票很重要的。上海市抗震救灾的组织给我送东西，盆啦、毛巾啦，很多日用品，上海条件的确是好。我今天来的意思，就是要特别感谢吴江山，有他我们才能回上海；没有他，也许一个月以后跟着医疗队再回去，那个生活条件跟到上海是完全不一样了。

徐　露：**嗯，这已经是不幸中的万幸了。**

周娟娟：对了。最后我要感谢所有在抗震救灾中帮助过我的解放军战士，再次感谢吴江山、益福明、诸文蕊、叶君南，谢谢你们！

23秒瞬间大灾难

——邱明坤口述

口述者：邱明坤

采访者：罗　英（上海文化出版社副总编辑）

　　　　王文娟（上海文化出版社编辑）

时　间：2016年6月28日

地　点：上海市黄浦区绍兴路7号上海文化出版社会议室

邱明坤，1952 年生。1976 年唐山大地震时，任开滦煤矿机械制修厂（现改制为唐山开滦铁拓重机公司）政治处宣传科干事。后又分别担任开滦六〇二厂党委副书记、开滦发电厂（现改制为开滦热电集团）副厂长、开滦机电社区主任等职务。现常年居住在上海。

1976 年 7 月 27 日，一切似乎很平静。尽管各地发现了很多异常现象，一些地震监测点监测到情况异常，但对于我们老百姓来说，还过着和往常一样平静的生活。夜间，天气闷热，难以入眠。很多人都是在凌晨 1—2 点后才开始躺下。我和家人也睡得很晚，在闷热难挨的环境下终于眯着了。

突然间，觉得是在噩梦中，我的身体被上下颠动起来，马上又被左右晃动，像是躺在振动筛上不停地颠簸，持续有 20 多秒。上面"哗哗"地掉下来泥块儿和尘土，我用双臂紧紧护着两个弟弟的头。震动过后，屋里一片漆黑。我试图从床上下去，但整个床前都被硬东西挡住了。我摸了摸，像是大衣柜倒在了床头前，我只好从斜倒在床头的大衣柜下钻了出去，摸黑爬到了门口。借着外面的微弱光线一看，好险呀，妹妹住的厨房间的隔断墙倒向了我所住的屋子，把大衣柜向外推倒在床头前，差一点把我们兄弟三人的脑袋砸扁。此时，街上人声嘈杂，人们衣冠不整地涌到了街上。"地震啦！"人们慌乱地跑动着。黑暗中，大部分居民都涌到了平房区东边的一片空地上。天放亮了，大家得知整个工房区，不管是平房还是楼房，竟无一处坍塌，那天晚上在家的人员也无一伤亡，觉得很是万幸。要不是怕再来余震，大家还在商量着回屋睡觉呢。

天渐渐亮了，从四周传来了房屋到处倒塌、人员伤亡的消息。此刻，猛然想起厂里（**当时我在开滦机械厂工作**），厂房倒了吗？夜班的工人们伤亡情况如何？于是立即骑上自行车赶往厂里。熟悉的上下班的十几里路两旁到处是残垣断壁，路上横七竖八地躺着死伤的人。当我经过北范商业住宅楼时，其惨状更是令人心痛。路两旁那一栋栋漂亮的、人们刚入住不久的新楼已成瓦砾。曾几何时，我每天上下班路过这里，就被阳台上主人们摆放的鱼缸、鲜花、盆景所感染，多幸福美满的生活呀。而今，楼房已夷为平地，主人和鱼、鲜花已被掩埋在碎石瓦块中。后来得知，我们相邻的两个工房区——开滦矾土矿工房和唐山启新水泥厂矿山工房，当时就被夷为一片废墟，很多人被埋压在里面。另外，我的邻居张大妈和周大妈家的女儿也都在工作单位被地震夺去了生命。张大妈家的小芹在林西帆布厂上班，夜间 12 点下班后，睡在了单位休息室。房屋倒塌了，虽没砸到她，但身体却被蚊帐死死缠住，动弹不得，活活窒息而死。周大妈家的信萍在唐山华新纺织厂上班，地震时宿舍全都倒塌了，不幸遇难。这两个年仅 20 岁的如花似玉的姑娘就这样过早地离开了人世。

当我赶到厂里时，厂门口已集聚了很多人，厂领导正在一边研究救灾方案，一边指挥人员抢救伤员。厂里的伤员、家属区的伤员被陆续运到了厂门口，等待救治。噩耗不断传来，我车间（**铸工车间**）副主任李连祥同志，局级劳动模范、副主任刘武同志，车间工会主席李国友同志都遇难了，而且都是夫妻双双遇难。昨天下午，我们还在一起开会，而仅仅一夜之间，他们却永远地离开了我们。

27 日（**地震前一天**）下午，车间党支部召集科室干部开会，研究第二天一早分头到工人班组参加理论学习，抓好安全生产。新婚不久、每天吃住在厂里的车间副主任李连祥，那天有急事赶回市里家中。不幸的是，他和在团委工作的妻子景玉凤一同在家中被地震夺走了生命。李连祥年轻有为，早已列入厂里经营厂长的人选。然而，一颗璀璨的星就这样过早殒灭了。刘武和妻子、李国友和妻子都在家中被断裂坍塌的水泥屋顶活活砸死，扔下的是那些年幼的孩子。

地震发生后的那天上午，一些在上夜班中失踪人员的家属陆续赶到厂里寻找亲人。那些倒塌的厂房里，钢梁横七竖八，余震不断袭来，随时有再次发生坍塌的危险。人们冒险在废墟中搜寻，但有的人员仍难被发现。金工车间的何师傅上夜班，厂房倒塌后找不到他的踪影。他的妻子（**是同车间的优秀女工、共产党员**）怀里抱着、手里领着一双年幼的女儿，几次欲冲进车间寻找丈夫，被大家强行拦下。妻子嘶哑的哭喊、孩子的哭叫，撕碎了大家的心。我车间负责烧水的老师傅那天正上夜班，地震发生了，茶锅房也没倒塌，可人却不见了。尽管大家不断寻找，仍无下落。十几天后，人们从离茶锅房几米处散发着恶臭味的砖土堆里挖出了他的尸体。原来他在地震往外跑时，被此处倒塌的砖墙掩埋了。

大震后的余震随时发生，抢救被埋压人员刻不容缓。然而，就在7月28日当天下午6点48分，7.1级的强震再次袭来，未倒塌的房屋这下全平了。我们家的那片工房就是在这次强余震中全部倒塌的。这次余震，造成了全市建筑物的再次坍塌和数万被压在废墟下人员的伤亡。这天，人们含着眼泪，强抑悲伤，与余震抢时间、争速度，全力救助被埋压的亲人和伤者，安置转运重伤者。从这天起，我们就开始全身心地投入到抗震救灾、重建家园的伟大斗争中。这次大地震，使唐山遭受了巨大的人员伤亡和财产损失。“一方有难，八方支援”，在党中央的领导下，人民解放军及全国各行各业近30万救援大军火速赶赴灾区，与唐山人民一道开展了人类历史上规模空前、卓有成效的抢险救灾。

我所在的开滦机械厂以及开滦发电厂的整个恢复建设、职工家属的抢救治疗都由上海市对口支援。震后第二天，上海市就调集了建工系统和医疗系统的1700多人赶赴唐山。在上海市建工局的统一指挥下，上海市机电设计院、市建一公司、市建七公司、机械施工公司、安装公司、混凝土制品厂、供应处等单位进驻了开滦机械厂和开滦发电厂。这两个厂分别承担着开滦煤矿采煤设备的制造维修和煤矿生产、生活的电力供应，不仅促使开滦煤矿尽快恢复煤炭生产，更重要的是对唐山市的整体抗震救灾和重建具有非常重大的意义。开滦煤矿的原煤产量当时占全国统配煤矿总产量的十分之一，洗精煤产量占全国的六分之一，在整个国民经济中占有十分重要的地位。上海援建队伍的广大职工发扬“一不怕苦，二不怕死”的精神和上海工人阶级“敢打硬仗”的大无畏精神，连续作战，昼夜奋战。他们有的带病上阵，有的轻伤不下火线；有的不顾家中老小，克服重重困难，一心扑在援建上。他们冒着余震的威胁，冲进倒塌的厂房，登上几十米高的毁损房顶，调查设计，吊梁架柱；夏天顶酷暑，任凭狂风吹暴雨淋；冬天冒严寒，不怕手脚冻伤冻残。施工人员的粮食及生活日用品都是从上海直接运来的，为的是不给灾区人民添麻烦。

周家辰是上海市建一公司的宣传干部，但他几乎每天都在工地上和工人们一起大干。有一天，他发高烧达到了42℃，药物退烧不行，就躺在从市里冰窖拉来的冰坨中物理降温，整整冰镇了6个小时。体温一降，他马上又冲上工地。还有更为令人感动和永远难以忘怀的，就是那位年仅20岁的“青年标兵”牺牲在抢修动力车间的施工中……在上海工人阶级的大力支援下，开滦发电厂在最短的时间内恢复了发电，开滦机械厂也很快恢复了制造和维修能力，有力保障了全局煤炭的早日生产。11月份，全矿区平均日产原煤7800吨。1976年底，共产原煤85万多吨，洗精煤3.3万吨。

上海医疗队在机械厂东墙外搭起帐篷，在非常简陋的条件下，投入了紧张的医疗救护工作。他们积极救治伤员，转运重伤员，开展日常接诊看病，及时开展卫生防疫，杜绝了“大灾必有大疫”的危害发生。在不到两年的时间里，上海市派往唐山的医务工作者们，就接待门诊将近68万人次，接收住院2万多人次，抢救危重病人1500多例，各类手术近2300例。另外，除了接收地震伤员外，还开展了灾区医务人员培训、小分队下乡服务、为当地群众防疫注射等活动。虽然已经过去40年了，但那感人的情景和动人的事迹，仍时时涌现在我们的脑海里。我们永远不会忘记上海和全国人民的无私支援，你们功不可没，永载丰碑！

唐山脱险记

——俞品莲、李志良口述

口述者：俞品莲　李志良

采访者：金大陆（上海市社科院历史研究所研究员）

　　　　罗　英（上海文化出版社副总编辑）

　　　　王文娟（上海文化出版社编辑）

时　间：2016年3月29日

地　点：上海市黄浦区绍兴路7号上海文化出版社会议室

左为余品莲，右为李志良

俞品莲，1942年3月生，高级工程师，1964年参加工作。1999年退休前，一直在上海市建筑科学研究院（现上海市建筑科学研究院有限公司）从事科研工作。1976年唐山大地震时因工作需要赴唐山出差。

李志良，先后毕业于上海市戏曲学校、上海体育学院研究班、上海市文化局艺术管理班，先后任职于上海戏曲学校、上海市文化局演出处、上海市海外交流协会（任副秘书长）。1976年参与五七京训班赴唐山招生工作时，恰逢大地震。

俞品莲：

我大概也算"老上海"了，小学五六年级就在上海读书了。后来从上海同济大学毕业，因专业是建筑材料，我就被分配至上海市建筑科学研究所（现上海市建筑科学研究院有限公司）工作。

唐山地震那年，我35岁。记得我是出差到唐山水泥设计院购买一份图纸的，7月27日中午到达唐山，出了火车站，我就直接到水泥设计院去了。当时正值"文化大革命"搞什么"反击右倾翻案风"，他们单位因政治学习，规定下午不接待业务。这样，我就在火车站附近找了个小旅馆住下了。

小旅馆是栋一层楼的平房，砖木结构的，平房旁边还有栋三层楼的房子（**地震后就堆到地上了**）。下午我在唐山市中心转了一圈，大概六七点回到了旅馆，那时，天已经黑下来了。我住的旅馆的那个房间里，还有一位女同志。我正准备进房间，她从里面出来，我俩面对面打了个招呼。我也不知道她姓什么、叫什么。后来我很早就睡觉了。

半夜，我醒过来了，一看窗外，怎么那么亮？平时这个时候，天应该不亮的，这会儿怎么那么亮！接着，吊着的电灯晃得好厉害。我没有经历过地震，不知道是怎么回事儿。本来我是朝天睡的，于是就翻了个身侧着睡，把手挡在头前面。刚翻身，就觉得不对了，感觉身上压了好多东西，推也推不动；一推，就感觉粉尘掉进口里，呼吸即刻困难了。我那时脑子就清醒了：发生地震了。我不敢动，就那样保持着，想等外面人来救援。因为我住的那间是平房，上面的东西即使堆下来，也不是很高，所以能听得见外面的声响。到后来就没有知觉了。大概上午 9 点多钟，我就痛醒了。为什么是痛醒的呢？因为人们已经把我上半身挖出来了，但是下半身还没挖出来。把我挖出来的人都是这个旅馆的旅客，他们没有工具，也不敢用工具，怕伤到人，所以是用双手挖。结果一拖，我就痛醒了。我被挖出来后，就被抬到地面的床单上，我一直躺在那里没有动。幸运的是，我受伤不严重，只是头上有东西摔下来时被砸出一个包，脚上也有些被砸出来的伤。

和我同屋的旅客出来得比我早，因为她有经验，地震发生时，她就站在床上，所以她是半埋，很快就被救出来了。还有一些人很有经验，地震时就冲到屋子外了。因此，首先参加救援的，就是那些冲到门外的人，也就是旅客救旅客。我在砖木里埋了六个小时。这间平房塌下来后，也有人死了。记得这旅馆有一男一女两位来出差的同志，女的还带了小孩，两人不是一家子。地震后，男的出来了，女的住在旅馆拐角的地方，房子塌下去的东西很多，就没有出来。当时怎么抢救的？如果活着的人说被埋的人还有命，那就抢救，如果认为那人没有命了，就不抢救了。毕竟当时挖人只能靠双手。那男的没说女同志还活着，大家也就没去抢救她。所以我得谢谢同住旅客，是她说我活着，是她叫边上的人救我的。如果房间只有我一个人，别人也不知道那个位置有人的话，我可能就没命了。我的行李很简单，只有一个小包，因为我本以为当天我就可以回北京我爱人那里的。从砖木中脱困后，我的鞋子被埋在下面了。他们要给我去挖鞋子，我说不要了，靠一双手挖，得多辛苦啊！我们这群旅客里有位内蒙古籍的解放军战士，他跑到外面，从倒塌的商店里面，给我拿了一双半筒靴，我就是穿着这双半筒靴回到上海的。

我们这里有个好处，就是旅馆的锅炉里面有水，那水可以喝。为了求生，走得动的人就到附近去找食品。有的食品店已垮下来了，他们捡回来一些糕点和苹果，糕点拿来分着吃。苹果一人发一个。

下午，那位解放军战士想要离开，就问是不是也有人想走。我当时还躺在床单上没有站起来，就说我想走，但不知道我能不能走。后来站起来走了几步，稍微有点儿痛，总的情况还可以，我便跟着这位解放军战士走了。走到市中心的地方，看到一栋六层的大楼，这在当地算比较高大了，现在只剩下框架，墙都倒下去了。有很多解放军正围在那里救人。应该说这是第一批救援的解放军，别的地方都没有看见。因为建材部正在这栋房子里开会呢，甚至有一些级别较高的领导也埋在里面。后来才知道，我一位同济毕业的同班同学，他是我们班 104 人的大班长呢，也在这个会议上遇难了。

这里的解放军有好多卡车，救出来的伤员就放在卡车上面往外送。那位内蒙古籍的解放军就上去商量说：“你们能带我们一段吗？”卡车上的解放军说可以，我们就爬到汽车上去了。一会儿抬上来一位伤员，这伤员伤得很厉害，外表看不出什么，内伤很重，因为要救治那位伤员，汽车很快就开了。结果，车子才开到一半，眼看着这位伤员就没气了。

玉田地区有一个解放军医院，有点像临时救护站。好多从屋里逃出来的人都在那里等候，因为屋子里不敢住，就搭了小棚子在那里煮粥。到玉田我们就下车了。有可能是经过组织安排的，我们往外转移时，一路上都有东西吃，主要是馒头和咸菜，不会挨饿。我又吃不下，结果用手绢包了一些馒头和咸菜。

那天晚上，同行的那位解放军帮我要来了一碗稀饭，那稀饭是人家自己煮的，真是很难得的。天黑了，地下有个很大的干涸污水管，我们就在这污水管里待了一晚。第二天早上，同行的解放军得到消息，有一批伤病员要转移到石家庄去，因此会有卡车开到北京通县。他就和卡车上的人联系，希望把我带过去。因为我爱人在北京，我到唐山时也是先到北京，再从北京转来唐山的；而我要回上海的话，也应先到北京。这位同行的解放军真是尽心尽力地帮助我。商量好之后，他们就让我爬到卡车上去。当时，卡车检查很严格，不是所有的伤病员都能得到转移的，只有叫到谁，谁才有转移的资格，而且还得一个个站点重新核查一遍。我当时在车子里面，又不是军人，他们就把我藏在油布下面，等到开车后，再把油布拉开。这样，到了通县之后，问题就不大了，因为有公共汽车了。我当时的好处是身上有钱，因为我睡觉时没脱衣服，钱就在口袋里。

回到北京后，我发现好多人都住在马路上了。人们在床上支几根竹竿，上面再盖几块油布，煮饭的炉子就放在旁边。当时北京也震动了，楼板和楼板之间的缝隙很大，有的房子也裂开了，屋子里不敢住人，回屋拿东西都得十分当心，因为不知道什么时候又会地震。我也是在马路上找到我爱人的。我爱人当时很紧张，因为我生死不明，又不通音讯，根本没办法找我。

我爱人在北京的单位也有四人到唐山出差，他们专门派了辆汽车去灾区找人。其中一位是女同志，一直请长病假，她说这次出差比较近，我就去吧。结果其他人都没事，就她遇难了。她住的旅馆是双层床，她睡在下铺，地震时铁架子往下砸，把她给砸死了。

我所在上海单位也急坏了，但是没办法，通讯中断了，只好等消息。直至我安全到达北京后，我爱人才打电话给上海单位报平安。我回上海时，单位好多同事都到车站来接我。

28 日地震，我 29 日就离开唐山了——是幸运，大概也是一个不大不小的奇迹吧，说明地震当天，就有解放军施救并向外转运伤员了。同时，我内心非常感激那天同住一家旅店的解放军战士和同屋的女旅客。那位解放军在唐山时，还在服役，他一爬出废墟，就忙着挖人，我也是他参与救出来的；后来一路上，他又照顾我。唐山地震后，倘若没有自救和互救，死难的人数不知还要多多少。分手时，我们相互留了通信地址，此后还保持了好几年的通信。后来他复员回到呼和浩特工作，好像在一家贸易公司。他结婚时，我还送了一对被面过去。现在年纪大了，那位解放军的名字也记不清楚了。信嘛，搬了几次家之后，就都不见了。连那双从唐山穿出来一直穿到北京穿回上海的雨靴，也因搬家没有了。实在可惜啊，毕竟它们见证了我在唐山的经历呵。

同屋的那位女旅客，我们一开始也是有联系的。她当时在唐山下面县城的建筑公司工作，后来调到唐山建筑公司了。后来，我有一次到鞍山出差时，经过唐山，还在她家住了一个晚上。她还领我到废墟公园转了一圈呢。我好像记得她叫崔淑英（音）；如果你们项目组能帮我找到她，就太好了。

李志良:

当年，我们是上海戏校（五七京训班）去唐山地区招生的，一行共八个人。张美娟主管此事，她本来也会来，临时有变化，决定在 28 日总复试时和王品素老师一起来。此前我们招生小组主要在唐山周边如秦皇岛、北戴河、丰润等地进行初试、复试，所以，我们是 27 日下午 5 点多钟从丰润赶回唐山准备 28 日的总复试。

我们住在唐山市委第二招待所。这是幢砖木结构的老房子，两层楼，因为砖木结构有框架，地震时上面的瓦片、木板掉下来也比较慢，所以我们能在大地震中幸存下来；如果我们住第一招待所的话，就全完了，因为那是石头垒起来的房子，地震以后压下来，一些老外都死在里面。

我那时候是小青年，才二十几岁，从小练京剧武功。与我同住一屋的是上海第三人民医院五官科的余医生（余养居），他是大名鼎鼎的权威，比我大二十多岁，今年已 87 岁了。他在招生组里是负责看喉咙声带的。要说遭遇大地震，我 1969 年曾经在云南就碰到过一次，饭店屋子里的大吊灯，晃啊晃的，所以我非常敏感，甚至可以说是云南地震的经验，救了我的命。

唐山那天晚上，我是被震醒的。我睁眼一看，外头一片红光，是地光嘛！我马上想到，地震了！那天晚上热得不得了，大概三十八九度。我跳起来以后，拿了条练功裤，就去开门，门已经打不开了。我一时以为不要是没睡醒吧，糊里糊涂地，便使劲拧门，门已经开始变形了。我就马上钻到床底下，想等等再说。这时感到心脏受不了，跳得非常厉害。我想不行了，赶紧从床底下爬出来了，拎了个小包，就把玻璃窗打掉了。我正准备往下跳，回头一看，和我同屋的余医生还在睡觉呢，我大声叫："余医生，赶快！"他问："什么事情？"我说："地震了！你赶快跟我走！"我抓起被单递给他，说我先跳下去，他从被单上慢慢顺下来，我在下面接他。我是练武功出身，跳下去以后就在底下接他。所以他现在跟我的关系好得不得了，每年1月1日，余医生一定给我寄张贺卡。而每年7月28日，我们这个招生组的成员都会碰头。生死之交呵！至于北京有人说，上海京剧院的武生，一个跟斗翻下去，想到行李包等还在上面，又一个跟斗翻上来，那是传说。我跳下楼去，脚下碰了一个包；之前钻到床底下时，脑袋上碰个大包，其他地方都没事。

余医生下来后问我怎么办，我说先往空旷的地方跑。于是，我俩就跑到招待所的花园里，在那里等了一会儿，发现组里的人都没出来，我们又追回去。当时，李多芬住在一楼，梅兰芳的琴师罗文勤也住在一楼，因为他们年纪都比较大了。梅兰芳的琴师还困在房间里。他很胖，门都堵住了，只能从窗户出来，我们就把他连拉带推才弄出来了。李多芬也是这样。天热女同志只穿了背心，我又进去把她的包拿了出来。还有两个组员呢，一个是歌舞团的团长，一个是现在戏校的校长（**当时和我一样，是小青年**）。他们逃出来后，不知道大家都散在哪儿。直到天快亮了，我们才把大家集中在一起。万幸万幸，我们招生组的人都从那个老房里跑出来了，一个都没有少！

这时，我们发现整个唐山成了一片废墟，连高墙都没有了，脚踩下去，弹起来的灰尘就像踩水泥一样，两边的粉末都往上涌。我赤脚出来的，但我此前在秦皇岛买了双皮鞋，还好包扔下来了，就把新皮鞋穿上了。我包里还有一套新买的瓷器，扔下楼时碎了两个，但我舍不得扔，原样包着一直保存着，算是纪念我的那段经历吧！你们要办小型展会，我可以借给你们。

大家一摸情况，知道走不了了，只好安顿下来。我们先去食堂找水，一层的食堂很大，塌下来以后，圆台面、热水瓶，还有塑料布，都露在外面，我们就搬了几张圆台面和塑料布，拿了几个热水瓶到安顿的地方。后来，我们看到旁边有长的圆钢筋，我们就把钢筋拉起来，把圆台面放在底下，用塑料布遮在上面，自己动手搭了个简易的地震棚。在唐山，我们的地震棚大概可算是最早搭成的，当然很原始，全是从旅馆里拿出来的东西，但确实解决了好多问题。其他住在旅馆里没地方去的人，也都聚集在我们这里。

没东西吃怎么办呢？恰巧附近有个糕饼仓库，我们就在那儿搬了一箱糕饼。这样水也有了，点心也有了，院子里的树上还有苹果，我们也摘了一些。那时候有规定，商店里的衣服、食品可以拿，老百姓可以拿这些东西自救。

安定下来后，几个年纪大的本来就有高血压，躺在地上都不会动了。我平时心跳每分钟 70 都不到，现在达到 150 跳。我忍不住想出去转转，看能不能有个消息，因为总得想办法尽早离开唐山。刚出去时一片茫然。直到下午，有一位姓车的唐山市革委会副主任，在一辆破旧的公交车上指挥救险，他的一条腿完全是紫颜色，这境况很感动人。这个临时指挥所里有解放军的电台，时刻与上级保持联系，反映情况。我就上去跟他们说，我们是文化部派来唐山的，现在唐山遭险，但是没伤亡，我要求拍电报给文化部。他们开始不肯，后来就让我快点写个最简单的电文，帮我排进去。我立即拟了个电文：“上海招生组唐山遇震，无伤亡。”

就是这个电报，起到了很大的作用。当时没有手机，上海的好多家属急得要死要活。电报发往北京后，文化部马上告知上海。后来听说那时候市革委会姓马的副主任正在开办公会议，接报后专门在会上通报了这件事。有些家属还半信半疑，说那么大的地震，死了那么多人，你们一个人都没事？！一直到我们回到上海后，大家才泪水相迎。

电报发出去以后，文化部派了两辆吉普车来找我们，可我们已于29日下午离开唐山灾区了。那时，北京第一批送帐篷、锅子和用具的车准备返程，我们跟他们说，能不能跟他们一道回去（**当时中央有规定，所有灾民都不准带到北京**）。我们说是文化部派到这儿来招生的，不是唐山的灾民。他们很敏感，就问中国戏校在哪里？我们回答在陶然亭。他们这才相信，就让我们上车了。我们一路上看到的都是地裂，路的两旁堆着尸体，真是惨不忍睹。

车子把我们带到建国门外，已是29日晚上了。建国门外广场上全是人。我们就找个地方给中国戏校打电话，戏校的校长晏甬，现在是中国京剧院的大教授，亲自过来接我们。到了中国戏校后，晏甬给我们泡了最好的龙井茶压惊。我们在唐山的时候都不敢喝水，因为火车站、汽车站全部塌掉了，不知道什么时候能离开，所以喝水很节约；到达北京后，一大缸子水，一下子全喝下去了。北京的同事一看，就知道唐山确实是很困难。

从唐山脱险是幸运，但人的心理仍然紧张得诚惶诚恐：在房子里坐了一会儿，就像惊弓之鸟，感觉房子随时要塌下来，连忙往外头跑。中国戏校的同事笑我们吓破了胆。晏校长说："让他们去，让他们去，他们受惊吓太厉害了。"第二天，他就买了火车票，让我们回上海了。

我们招生组有两位是先离开的。一位是上海师大声乐系的教授朱宝清，一位是工宣队师傅。因为我们28日晚，碰到7.5级的余震，大地跟波浪一样起伏摇动，我们根本站不住，十多个人手挽着手，围成一个圈才勉强扛住。她们觉得唐山底下都挖空了，到时候塌下去会像包饺子一样被包进去，所以，车联系好了就让她俩先走。谁知车到了遵化县，人家看她俩怎么穿得这么好，怀疑她们是台湾派来的特务，而她们又讲不清楚，工宣队师傅不太会普通话，一开口就是很重的宁波口音。这样，她们被隔离了好几天。后来电话联系上了，才知道她们的身份和情况，才对她们加以照顾。

我大概31日回到了上海。

附：五七京训班一行人员名单

唐晋发，五七京训班舞蹈老师，后上海歌舞团团长。

田恩荣，五七京训班花脸老师，后上海戏曲学校校长，著名京剧演员。

李多芬，五七京训班老旦老师，上海戏曲学校老师。

余养居，五七京训班医师，后上海仁济医院教授。

朱宝清，五七京训班声乐老师，后上海师范大学声乐系教授。

罗文勤，五七京训班声乐老师，后上海戏曲学校老师。

王女士，工宣队师傅。

慰英灵

——刘晓兰口述

口述者：刘晓兰

采访者：金大陆（上海社会科学院历史研究所研究员）

袁锡发（中共上海市闵行区委党史研究室副主任）

王文娟（上海文化出版社编辑）

时　间：2016年3月14日

地　点：上海市沪闵路6258号8号楼611室

刘晓兰，1944年4月生，民盟盟员，上海舞蹈家协会会员，中学一级教师。1957年参加工作，历任贵州黔南歌舞团演员、舞蹈教师，唐山市歌舞团舞蹈编导，唐山市路南区文化馆文艺专业干部，上海市闵行区少年宫舞蹈老师。1976年唐山大地震时任唐山市歌舞团舞蹈编导。

我叫刘晓兰，生于1944年5月，1957年参加工作，考入了贵州黔南民族歌舞团，成为一名舞蹈演员。1960年文化部在全国开办了四个舞蹈教师培训班，我有幸在云南省艺术学院西南班深造，并完成了北京舞蹈学校六年制的课程。此后，我做了专职舞蹈老师。1972年调河北省唐山市歌舞团创作室工作。1988年8月，作为人才引进到上海闵行区（**时为上海县**）少年宫艺教部，并任闵行区学生艺术团舞蹈指导。1999年5月退休至今。

我在唐山工作了15年。1976年7月28日，亲身经历了这场世界上罕见的大地震。虽然40年过去了，但只要一回忆，当时的情景仍历历在目，终生难忘。一夜之间，我失去了我的大女儿，失去了身边的亲朋好友，失去了共同工作的同事……

我们唐山市的歌舞团、话剧团、杂技团，都设在工人文化宫的大院里。因为那里环境优美，花红柳绿，所以，每天在黄昏时分，唐山的人民都要到工人文化宫散步，观看各种表演。唐山歌舞团有很多来自北京、天津艺术院校的高才生，声乐的、器乐的人才都有！为什么呢？那个时候政治思想比较“左”，他们都被“发配”到了唐山。所以，北戴河、秦皇岛那边招待外宾演出，都是调用唐山歌舞团。7 月 28 日那天，我们团正在北戴河执行演出任务。我因是创作组成员，就留在团里编创节目了。

歌舞团的大楼共有三层，三楼是办公室，二楼是舞蹈大厅，我住在一楼的宿舍里。歌舞团快演完了，第二天杂技团就要去，外宾是很喜欢杂技的。晚上 9 点多，杂技团里的几个上海朋友来与我告别。因同是南方人嘛，我们平常吃啊、讲话啊、生活啊，都比较合得来，周末也常在一起。没想到这次的告别，上海籍演员徐斌、文凤、文荣及徐斌 5 岁的儿子，竟与我们永别。我们每个团都有家属楼和演员宿舍，杂技团大概近一半人都没有了……歌舞团回来时，面临一片惨状，亲人死难的死难，受伤的受伤，有的父母都没有了。团里不少年轻的女演员，只得自己动手搭棚子，这本来是很辛苦的活，很多男演员就帮她们弄了。此时此刻是最困难的时候，大家互帮互助，后来一对对的也就结合了。这种例子在我们唐山很多的。

后来回想起来，27 日晚上我送他们经过小树林时，四周一片漆黑，伸手不见五指，就是在我面前，我都只能听到你的声音，这种现象好像从来没有过。我想这也许是地震的前兆吧？！28 日，凌晨 3 点左右，我被蚊帐里的蚊子咬醒了。我开灯一看，几十个蚊子，密密麻麻地趴在蚊帐里。蚊子嘛，平时也就一个两个，今天怎么如此多呢？我赶紧爬起来去拍打，打得满手是血。我到盥洗室把手洗干净，刚关灯躺在床上，突然就听到像是从远处相对开来的两列快速火车，“嘶”地一声，呼啸着向我冲过来——这实际上是山摇地动了，是大地在吼叫，是房子在翻滚！震感越来越强烈，猛地把我从床上甩到对面的桌子底下。我这才知道地震了。我头一个念头是：这么强烈的地震，我怎么一点儿都不知道？惊恐万分之际，我想：“这下必死无疑了。我就等着死吧！”过了一会儿，门板子“嚓”地一声掉下来了。门被卡住了。余震小一点后，我摸爬了好久，才从桌子底下爬出来。

我爬起来一看，楼房已经倒塌，成了一片废墟，我们团的很多人都被压在里面了。这时，我就听到门卫老大爷在那里痛苦地呻吟，他的腿已经断了，流血不止。我过去把外衣脱下给他简单包了一下，便去找人救助。但大爷后来还是走了。渐渐地，有人相继爬出来，先是欲哭无泪，而后相拥抱头后，才大声哭喊着，奔向废墟救自己的亲人。我毕竟想着女儿，脱困后就朝铁道学院的家那边跑，是穿着拖鞋还是光脚跑已经忘记了。这时，公交车肯定没有了，沿途看到一些尸体。

回到家时，家已经坍下来没有了。我先生受伤出来了，女儿和奶奶还被困在里面。时隔一天，解放军来了，把女儿和奶奶扒出来，可是，她们已经……再也没有睁开眼睛（哭泣）。那个时候天热，家家用蚊帐，遇难的人不是被砸死，就是被扭成团的蚊帐缠着窒息没了的。我女儿还有她奶奶，也是窒息没有了的（哭泣）。我的女儿要在，她今年已经 48 岁了（抽泣）。我把女儿抱在怀里，坐了整整一天，直到她肚子鼓起来了（泣不成声）……当时的环境相当恶劣，天酷热，到处都散发着臭气，我不得不放开女儿。解放军挖了一个大坑，用塑料袋将尸体一个一个装着。我们邻居就跟我说："你家女儿和我家女儿，平时两个人玩得很好的，就让她们在一堆吧。"这样，几十个遇难者就扔下去埋在了一道。至今，我都不知道女儿的位置在哪里。

我若是住在唐山家中，可能就没有了。因为我家是两室，门一般都是关上的，那么肯定全家覆没了。唐山的楼房多是水泥板的，一块块地砸下来，真是太厉害了。在歌舞团我住一楼，大地震发生时，三楼垮下来，而二楼的舞蹈房的地板是支撑着的，所以我才有空隙，才有呼吸。我觉得就是舞蹈房救了我。我娘家在外地，有亲戚在上海，地震后我就经北京回到南方。一路上，人们知道我是从唐山出来的，你走到哪里，人们都给你水喝，还有西瓜给你吃，送我们上车都是免费的。因地震中女儿死了，我的兄弟姐妹家都瞒着我母亲。后来通过广播，母亲知道出事了，很伤心。

再看看我们歌舞团，几乎家家伤亡惨重，有的甚至全家遇难。我的邻居是一家上海人，从上海调来支援技术部门的，被解放军挖出来的时候，两个月的宝宝，还紧紧含着母亲的奶头。还有就是地震了，夫妇两个紧紧地抱着，抱在一起而死的。一位放映员压在楼底下九天被救出来，他用自己小便维持生命。一位10岁的男孩住在楼上，他妈妈不敢跳，他跟妈妈说："妈妈，我先跳，如果我没有死，你再抱着妹妹往下跳。"所以他们获得了新生。因为地震的时候，震感很强烈，时间很长，地是有弹性的，所以跳楼的人好像基本都抢救过来了。这就是医疗队的战绩，没有医疗队，真的不知道还要死难多少唐山人。

奔赴唐山救援的解放军最伟大，是他们从废墟中挖出一堆堆的尸体。我看着解放军的手，满手都是血和泥。因为没那么多工具，只好用手去扒，有的解放军手感染了、流脓了……几十万的尸体，几十万的伤员，如果没有解放军，没有医疗队，哪有今天欣欣向荣的唐山城。2014年，唐山在一个叫凤凰山的地方，建了一个文化宫，我们把亲人的名字都刻在那里的碑上。我每年都要去看看女儿。现在，唐山每年都在变化，门户火车站造得很宏伟，我都找不到正门在哪里了。一座座居住楼高大漂亮。我到原来的同事家里，和我们在上海的家没什么两样，很漂亮很现代。

在唐山地震周年纪念时，我们歌舞团编创演出了"抗震组歌"，这是一个大型的献礼节目，内容从第一章到第四章；形式有舞蹈、独唱、领唱、合唱等。我是搞舞蹈的，为了突出解放军战斗在废墟上的英雄形象，我是这样跟音乐人讲的：刚开始，远处首先传来"嘿嗬一二一一二一"跑步的声音，由远而近，然后就是一队解放军背着包，从远处奔跑过来，分散救人。舞蹈就是用一些肢体语言，表现扒呀、扛呀、抬呀，反正是比较夸张的舞蹈语汇，既源于生活、又高于生活地歌颂解放军。

为了回报帮助我们活到今天的人，我从内心感谢解放军和医疗队。同时，我认为自己是被舞蹈房救了。所以，当我人才交流来到上海后，第一个就想到办舞蹈学校。在少年宫领导的支持下，我一心一意做艺术教育工作，也培养了一些演员，有些还考入了解放军艺术学院、北京舞蹈学院、上海舞蹈学校等。有一年，上海市少年宫举行汇演，我就代表闵行区少年宫编了节日《慰英灵》，获得了市舞蹈比赛的二等奖。我扪心自问，为什么到上海后第一个就想到《慰英灵》这个歌颂解放军和女医生的节目呢？因为我女儿是从塘沽那边开来的解放军用手扒出来的啊。舞蹈《慰英灵》开幕，就是一个小姑娘捧着解放军的军帽，帽上有个闪闪的红星；接着就是回忆地震时解放军救人的情景，结果解放军在余震中，把孩子救出来了，解放军却牺牲了；最后，是女医生护理女孩的同时给她梳头的表演，以妈妈般的心怀，安慰她的心灵，使她健康地成长。在唐山，很多孤儿都是这样的。

我 1999 年退休，2000 年就相约了几个老师，注册了民办的舞蹈学校和幼儿园，全力以赴为培养人才而发挥余热。尽管经济效益不错，但我们不以营利为目的。我们资助山区贫困生，回报社会的关爱。我觉得如果没有经历过这场大地震、大灾难，没有亲身见证解放军的英勇无畏和医疗队救死扶伤的精神，我的后半辈子也不会如此精彩。

后　记

我们，记录历史的步伐

——课题组感言

金大陆

（上海社会科学院历史研究所研究员、中国当代史研究创新团队成员）

人总是活在意义和价值之中，关键在于内心的认知和取舍。

我们生活在上海，是上海这座城市的一员。因为热爱这座城市，敬慕这座城市，就向往着能够为丰厚这座城市的文脉，做些点点滴滴的浇灌。

1976 年的中国世事艰危，多灾多难。唐山一震，举国惊叹。即便在那个非常的时刻，上海的“工农兵学商” 勠力同心，众志成城，前赴后继地奔向唐山——为救死扶伤，为重建家园，奉献出了上海人民的大勇和大爱。

然而，四十多年了，属于上海人民的光荣和骄傲的这一页，却因种种非常的原因，没有得到应有的开掘和整理，更毋谈描绘、记录和书写了。今天，我们以城市记忆志愿者的身份站出来，通过口述采编、史料选编、影像汇编等，不仅为这座城市留住这段特殊的历史，更为发现当年的感动——不仅向成百上千上海救援唐山大地震的直接参与者致敬，更为了向数千万的上海人传递这份感动。

上海需要展示这段历史；上海需要承接这份感动。

沈芝、刘永海

（唐山师范学院历史文化与法学系主任，副教授；唐山师范学院历史文化与法学系教授）

四十多年前的一场大地震，给唐山人留下了永久的伤痛，也留下了丰富的精神财富。四十多年来，有关唐山大地震文献暨口述史料的收集、整理与研究从未停止，也取得了丰硕成果，但尚有大量资料等待收集，很多文献需要研究，已有研究成果也需要进一步完善。四十余年来，有多少重要资料湮没无闻，有多少记忆漶漫不清，我们难于统计；但随着时间的推移，大量亲历者逐渐老去甚至离世，这种散佚与模糊将愈发严重。四十多年前的上海人为救援唐山已经倾尽全力，今天的上海人为了帮助唐山人更为直接、更为完整地保留那场灾难的记忆，又一次竭尽所能。作为土生土长的唐山人，我们除了感谢以外，感觉还有许多工作要做。

罗英

（上海文化出版社副总编辑）

参与“上海救援唐山大地震课题组”工作半年来，我时常“混淆”了我的职务：我是谁？是摄影师？还是新闻记者？还是图书编辑？事实上，这段特殊的经历，的确“成就”了我这个三栖者。我经常身背相机、手拿笔记本，脑中又快速运转着怎样才能编辑好这套丛书，不辜负那些在大地震发生后第一时间冒着生命危险奔赴唐山的上海救援者们。

采访过程中，我和课题组成员一次次地被采访对象的深深回忆打动着、感动着、激动着。我一次次问自己，也一次次被多家媒体采访到，“编辑这套书，您最大的体会是什么？”答案渐渐清晰，那就是：“我们面对生命的态度是什么？唐山人民，上海救援者给出了同样的答案——人性的光辉是生命高于一切。”也许，这就是出版此套书的最大价值：留住历史，温暖记忆；告慰先人，激励后人。

刘红菊

（上海中医药大学党史校史办公室负责人）

偶然间，开始了对一件往事的“追踪”。一路的“追踪”，一路的感动。

四十多年前突如其来的一场大灾难，让唐山这座城市瞬间化为废墟，生命在灾难面前如此不堪一击，“上海医生”成为希望和生存的化身。

今天，我有幸走进这个群体，和他们一起重温那段难忘的岁月，和他们一起激动、落泪。国家需要，义不容辞；抢救生命，无怨无悔。在大灾难面前，“上海医生”用心中的大爱诠释了什么是“以救死扶伤为天职”，什么是“崇高的人道主义精神”。

当年上海赴唐山的医疗队员中有 300 余人来自现在的上海中医药大学系统，队员们分属各个附属医院。采访、征集史料等具体繁琐的任务由附属医院的同事担当，除了完成平日里满负荷运转的医疗任务，他们热情饱满，不厌其烦，尽职尽责地完成了这项“多”出来的工作。

因为一件往事，我认识了一群尊敬的长辈，结识了一群可爱的同事。我为长辈们当年的激情而感动，我为同事们今天的执着而感动。两个不同时代的医生群体都对工作那么投入，这就是“上海医生”的风采。

不论是在大灾大难来临时，还是在平凡琐碎的日常工作中，敬畏生命、热爱生命是医生永恒的信念。赋予了爱，医学不再只是一门学科，医生不再只是一种职业。在神圣的医学殿堂，医生从事的是一项伟大的事业。

心有大爱，就能战胜灾难的残酷，而医学散发出的温暖则是永恒的。

刘惠明

（上海电视台《新闻坊》记者）

我是第一个报道这个课题的媒体人，接着，也成了课题组的成员。

我最初是在朋友微信圈中得知有“上海救援唐山大地震”课题组的，我便第一时间与课题组取得了联系。我的第一篇报道就是寻找上海参与救援的“青浦兵”。我记得那天采访结束，时间已经过 12 点了，按常规来说，《新闻坊》文稿在1点左右都要交稿的。我当即在现场拨通了领导的电话，领导说，晚上的版面给你留出来，今天再做一个《新闻坊》的微信，你放心写。那天，我编辑完文稿和画面，已经是4点多了，即离《新闻坊》直播时间已经不足1个小时。新闻播出后，在社会上引起了很大的反响，甚至当天远在美国的观众就给课题组发来消息，极力称赞这项工作。

我出生在60年代，记得唐山大地震发生后，上海居委会曾通过广播等多种形式，教授居民防范地震的知识。虽然唐山离上海很远，但地震造成的恐慌至今还留在我的记忆深处。这次参加课题组的活动，我面对面地接触了许多当年救援唐山大地震的亲历者。每一次的采访，都让我感觉走进了那段被尘封了的历史，都让我震撼和感动。

钱益民

（复旦大学校史研究室副研究馆员）

在采访过程中我感到唐山地震是一个值得持续研究的课题，本次采访只是研究的开始。如果我们从地震预测、特大灾害应急应对、灾后大规模流行病预防、灾民心理疏导和家庭重建、社会动员及组织等方面作出更有深度的访谈，那么可以在中国社会学下面建立一门“地震灾害救护学”，这是一个新的学科生长点。无论从学术研究还是政府执政能力建设来说，这门“地震灾害救护学”都是有必要建立的。联系民国时期的地震、唐山大地震和汶川大地震进行纵向比较，可以看出随着国力的提升，中国的地震救灾水平在逐步提高，这使我们更加自信。

本次采访数位复旦大学上海医学院、中山医院、华山医院的医生，使我领略到原上海医学院及其附属医院医生的使命与责任意识和过硬的医疗水平，他们充分彰显了“正谊明道”的上医精神。地震救护中的生动案例，说明病人绝对相信医生，医生尽全力救治；为了救助更多的病人，各医院医生之间形成良性的竞争关系，在简陋的条件下展开高难度的手术，尽显良医本色，为上海医生在唐山建立了良好的口碑；医患之间毫无利益关系，这种非常纯粹的医患关系，是 1949 年新中国成立以后逐渐形成的，给我们今天的医生和患者以更多的启示。

刘世炎

（上海市虹口区档案局办公室主任）

我很荣幸加入课题组，参与了部分口述采访，了解到四十多年前唐山大地震时，上海救援力量发扬“一方有难，八方支援”的互助精神以及在灾区救死扶伤的故事细节，深受感动。现在看 1976 年上海救援唐山地震的档案材料，虽然有很多会议记录、文件简报和总结报告，但充斥着大量的政治口号和当年的政治话语。通过采访当年的当事人，记录他们的“三亲”（亲历、亲闻、亲见）故事，使我感悟到人性善良、大爱无疆的光辉，体会到灾区人民克服困难、奋发图强的意志，学习了上海救援人员的人道主义精神，这是一个历史工作者在抢救史料、挖掘细节的工作中最大的收获。

刘明兴

（中共上海市委党史研究室助理研究员）

由于工作安排，我很荣幸参加了课题组，这对我来说既是工作也是学习，更是教育。在课题不断展开和深入后，我对那场发生于四十多年前的灾难也渐渐有了较为全面的认识，从最初对灾难的痛心，到对“大爱”的真正理解，我的心灵不断受到震撼，也明白了这个课题的价值所在。

李清瑶

（上海市宝山区档案馆征集编研科科员）

在 2015 年 10 月刚刚加入课题工作时，从未曾想过这将会是一段如此难忘又特殊的经历。以往讲起“唐山大地震”，总是熟悉又陌生的。熟悉，大概是因为这场灾难太惨烈了，作为一个时代的标志性事件，即使四十多年过去了，在各种档案史料、历史图片、新闻报道以及后来的文学创作、影视作品中，仍然可以触摸到唐山和全中国当年的痛与伤。陌生，是它确实离我现在生活的世界太遥远了。再大的苦难，隔着时空的鸿沟，仿佛也消解了。值得庆幸的是，四十多年后的今天，我能够直接与当年奔赴灾区救援一线的亲历者对话，在他们讲述的每一字每一句中，我深切地感受到，历史的脚步从未走远，正如大灾大难中，人性的温暖从不会缺席。感谢这群最可爱的人，感谢这座最可爱的城市，在记录这段历史、共享这段记忆的过程中，我更加坚信，大家可以团结在一起，共同面对我们的国家发生的所有事情，因为，我们是同胞。

张鼎

（中共上海市委党史研究室助理研究员）

“上海救援唐山大地震”课题组成立以来，我们采访了当年上海方面参与抗震救灾、灾后重建的多位亲历者，涉及军队、医疗、工业、规划等各个领域。我们试图以此来全方位、多角度地还原当时的社会历史背景，展现救援过程中上海人民作出的杰出贡献，进一步弘扬上海城市精神，传播正能量。

其实，对受访者而言，作为地震救援的亲历者，能够将自己的经历与口述历史联系起来，本身就是一种价值的实现，他们在讲述中不断地进行记忆再发掘，充分激活了内心情感和精神活力。那么，对采访人而言，能够聆听长者讲述救援的经历和记忆，仿佛上了一堂生动的人生教育课，这是一场难得的精神洗礼。

英国口述历史学家保尔·汤普逊曾说：“口述历史用人民自己的语言把历史交还给了人民。它在展现过去的同时，也帮助人民自己动手建构自己的将来。”口述上海救援唐山大地震，在全面反映了大灾面前唐沪之间守望相助精神的同时，也应算是留给后人的一份珍贵礼物。若干年后，他们通过对这段历史的回望审视，可以更好地为抗震救灾、灾后重建等工作提供更多经验借鉴。

四十多年后的今天，我们当铭记历史，造福未来，我坚信，我们做的是一件有功于后世的善事。

王文娟

（上海文化出版社编辑）

当以“真”为生命的历史通过“口述”的形式呈现的时候，这样的历史便因具备温情而使得真实更加厚重，正因如此，口述历史让我很感念。因缘际会，我参与到“上海救援唐山大地震”课题组中，接触了很多曾经到过唐山的长者。

作为晚辈也好，作为口述历史的记录者也罢，我都是无知的小儿，唯有聆听教诲。这并不是说资历是权威，而是他们所回忆的，是我未曾到过、也许也不会再有的世界，他们的温厚与无私奉献，让人敬佩；然而，他们所描绘的灾难与苦难，又让人心痛。我们这个民族实在是经历了太多，不论是天灾，还是人祸。

这或许不是最好的时代，它却也好过曾经所有的时代。我愿意心存希望，当一个朴素的进步论者。事过留痕，以史为鉴。但愿作为这样的口述历史，既是镜子，让同样的灾难不再上演；同时，人与人之间那种真实的、没有物欲冲突的温情，也能得以传承。

姜海纳

（华建集团华东建筑设计研究总院《A+》执行主编）

唐山大地震的时候，我还是个 1 岁的孩子，对祖国大地上发生的大灾难也是后知后觉。三十六年后，我因工作的原因参加了《悠远的回声》一书的编撰，“在山摇地动的时刻——援建唐山的回忆”章节里，文字的呈现让我对一个又一个发生在大地震震灾现场的援建设计师们的故事有了浅浅的记忆，记忆里更多的是访谈者们的白发和朴实无华的陈述。

2019 年 6 月，经同济大学的华霞虹老师介绍，社科院的金大陆老师和上海文化出版社的罗英副总编找到我，让我有幸看到了第一版的《上海救援——唐山大地震口述实录卷》。医疗工作者在大地震后的迅速救援以及当下的机智与果敢，如同画面般在我的眼前一幕幕展现，震撼与感动交织着！这让我再次关注起唐山大地震史实。

对于金老师的提议，补充建设者们的心声，我尤为赞同。虽然灾后重建并不是抗灾第一线，与救死扶伤的医护人员们相比，我们的设计师与工程师们显然是大后方的支援者。但是灾后重建家园是新生活的开始，是唐山城市复兴的新起点，也是在国家需要的时候义不容辞贡献力量的人们的心声！他们是重建家园的功勋者，亦是最可爱的人！

借此机会，我重新召集了我院以及上海院当年参加援建唐山规划和建设的规划师、建筑师和工程师们，虽然能前来参加座谈会和接受采访的人们仅仅是援建唐山设计人群中的十分之一。如今，有些人已经不在了，有些人已远在异国他乡，有些也已无从联系……幸运的是，这十多位当年的援建者中，不乏援建唐山大地震设计的团队带头人和年轻专业骨干，他们在之后的国家建设中也代表了我院承接和负责了许多重大项目，为国家建设奉献了毕生心血。

四十多年后的回忆，使得援建大地震后的唐山河北小区规划、建筑、户型设计，以及修复开滦煤矿机修总厂的援建设计等重要经历在记忆的片段里被表述得断断续续，朴素而低调。这就越发让这段历史弥足珍贵，越发值得再次谈起，值得重新追述上海城市建设者与唐山人民之间的深情厚谊。

作为唐山大地震援建设计者的访谈亲历者，我为老华东人的奉献精神感到骄傲，能为他们的故事编辑成书做微薄努力，我感到由衷的自豪！

我们今天的所做，即将成为明天的历史。

2020 年 6 月

跋

2015年秋，在中共上海市委党史研究室和上海文化出版社联合召开的选题组稿会上，我接受了“上海救援唐山大地震”的系列研究任务。时间紧迫，转瞬就是2016年7月28日——“唐山大地震” 40周年，大半年的日程能否顺利完成这一课题呢？任务光荣，当年，上海倾全城之力救援唐山，汇聚了许多动人心弦、可歌可泣的故事，构筑了灾难史、救援史、医疗史及环境史的重要篇章。经查阅，可惜的是多年来只有零星的纪念记录，却没有完整的资料整理和史实研究。作为党史、国史和上海城市史的研究工作者，当有责任以系统的研究来填补这一空白。况且，已40余年了，当年的组织者、参与者何在呢？当年留存的史料或沉睡或流散，如何汇集呢？真正具有抢救的价值了。

在市委党史研究室的主持下，我们迅速集合了党史和史志部门的青年力量，组建了课题团队，并向全市相关部门发出函件。课题组快马加鞭，乘夜车赶往唐山，青年人的热情和创意令人欣喜，市委党史研究室的刘明兴在唐山拍摄了大量的资料，并建议与唐山师范学院历史系接洽合作。正是这一建议，唐山师范学院的沈芝、刘永海数次来上海，并带领学生完成了《来自唐山的报告》采访稿。各方面的反馈信息也很积极， 2015年12月16日和18日，静安区委党史研究室的张鼎协助完成了第一轮对静安区卫生局原局长殷祖泽、上海市建设委员会原副主任谭企坤的采访；虹口区党史办的王佩军、刘世炎不仅提供了该区救援唐山的档案，还挖掘了虹口中心医院医生曾参与救活被埋七天的“小明明”的奇迹。经课题组多方联络，将当年施救的解放军和“小明明”父子一并请来上海，恩人相见，一声呼喊，一个拥抱，泪洒全场，上海电视台、《解放日报》等传媒连线播报，感动了广大的观众和读者。

同时，上海中医药大学校史办刘红菊，复旦大学校史研究室钱益民，上海交通大学医学院党校叶福林、高哲，宝山区档案馆李清瑶等，均组织力量对曾奔赴唐山的附属医院的医护人员进行了访谈。华东建筑设计研究总院的姜海纳不辞辛苦，通过查档案等方式，辗转联系并组织了十多位华东院及上海院当年参加援建唐山规划和建设的规划师、建筑师和工程师们进行访谈。上海电视台《新闻坊》记者刘惠明第一个报道此课题。值得一提的是，上海文化出版社的副总编辑罗英和青年编辑王文娟、张彦等，自始至终与课题组一起，上唐山，下基层，研讨策划，组织采访，拍摄影像。出版社编辑深入第一线，参与完成书稿，可谓出版界难得的先例。

时下，上海救援唐山大地震项目已获得国家出版基金的资助，其实，更重要的意义在于政治的荣誉和课题的价值得到认可。为了求得口述史、影像史和档案资料的互补、互证，为该课题的深入研究，为上海救援和抗震精神的发扬光大，上海市档案馆提供了大量的开放档案，与市委党史研究室合作出版《档案史料卷》。

总之，一项有价值的课题，值得去追寻，值得去投入。这套出版物将构成“上海救援唐山大地震”的资料库，上海需要留存这段历史，上海需要展示这段历史。我们课题组作为城市记忆的志愿者，为参与并完成这项任务深感欣慰。

金大陆

上海社会科学院历史研究所

2020 年 6 月